GEORG REICHERTER

Spezialfabrik für Meßgeräte und Prüfmaschinen

ESSLINGEN / NECKAR

Gegründet 1899

Der Kugeldruckversuch nach Brinell,

die Härteprüfung mit Vorlast

und die Härteprüfung nach Vickers

EIN HANDBUCH

für den Betriebsmann mit Abbildungen,

Prüfbeispielen und Tabellen

Bearbeitet von Georg Reicherter jr. Eßlingen

Im Buchhandel durch die Verlagsbuchhandlung
Julius Springer, Berlin W 9

ISBN-13: 978-3-642-90295-6   e-ISBN-13: 978-3-642-92152-0
DOI: 10.1007/978-3-642-92152-0

VORWORT

Der Kugeldruckversuch nach Brinell, die Härteprüfung mit Vorlast und die Härteprüfung nach Vickers sind die meist angewandten Methoden zur Bestimmung der Härte bei Stahl und Nichteisenmetallen. Für den Betriebsmann ist es ein Bedürfnis, ein Nachschlagewerk zu haben, aus dem hervorgeht, in welchen Fällen

1. der Kugeldruckversuch nach Brinell,
2. die Härteprüfung mit Vorlast (Rockwellprüfung),
3. die Härteprüfung nach Vickers

anzuwenden ist. Diese Prüfmethoden der Härteprüfung sind in vorliegendem Handbuch eingehend beschrieben, ebenso die Maschinen und Meßgeräte der Firma Georg Reicherter, Eßlingen zur Ausführung des Kugeldruckversuches nach Brinell, der Härteprüfung mit Vorlast und der Härteprüfung nach Vickers. Prüfbeispiele und Tabellen für die jeweilige Prüfmethode sind beigegeben.

Inhalt

GRUPPE I.   Der Kugeldruckversuch nach Brinell

Für den Kugeldruckversuch nach Brinell ist in den deutschen Normen die DIN 1605 Blatt 3, Ausgabe Februar 1936 unter dem Titel

Werkstoffprüfung

Mechanische Prüfung der Metalle

Kugeldruckversuch nach Brinell

erschienen, die mit Genehmigung des Deutschen Normenausschusses nachstehend abgedruckt ist:

DIN 1605 Blatt 3   Werkstoffprüfung • Mechanische Prüfung der Metalle
Kugeldruckversuch nach Brinell

1. Bedeuten

D Kugeldurchmesser . . . . [mm]

P Belastung der Kugel . . . . [kg]

d Durchmesser der Eindruckfläche . . . . [mm]

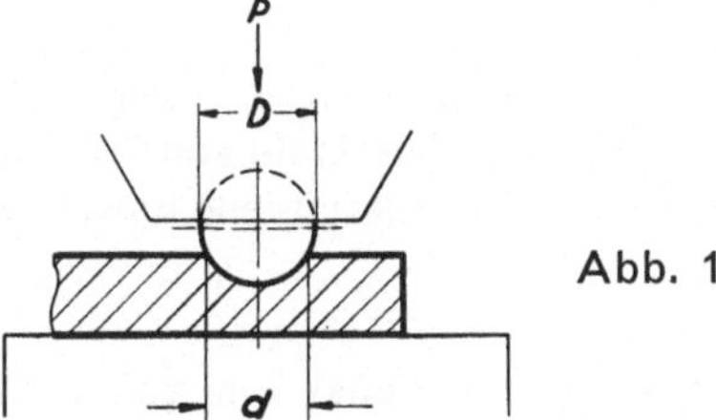

Abb. 1

so wird die Kugeldruck- oder Brinellhärte H berechnet aus der Formel:

$$H = \frac{2\,P}{\pi \cdot D \cdot (D - \sqrt{D^2 - d^2})}\ [\mathrm{kg/mm^2}].$$

Proben

2. Der Versuch ist an einer blanken, ebenen Fläche auszuführen.

3. Auf der Unterseite der Probe darf nach dem Versuch keine Druckstelle sichtbar
sein. Bei dünnen Proben ist der Kugeldurchmesser entsprechend klein zu wählen,
wobei die Kugel kleiner als die Blechdicke sein muß (untere Grenze 2,5 mm). Bei
der Prüfung noch dünnerer Bleche wird die Brinellhärte gefunden, wenn man mehrere
Bleche vom gleichen Werkstoff bis zur ausreichenden Dicke aufeinanderschichtet,
wobei die Bleche satt aufeinanderliegen müssen.

Prüfkugeln

4. Es werden Kugeln von 10, 5 und 2,5 mm Durchmesser (zul. Abw. $\pm\,^1/_2\%$) verwendet.
W e r k s t o f f d e r K u g e l n: Gehärteter Stahl. Die Härte der Kugeln kann durch
Aneinanderdrücken zweier annähernd gleich harter Kugeln mit der Belastung P
[kg] $=$ 5 D^2 [D in mm] bestimmt werden. Als Härte der Kugel gilt die mittlere Pressung der Berührungsfläche vom Durchmesser d, also $\dfrac{4\,P}{\pi\,d^2}$. Sie ergibt sich für
normale gute Kugeln zu mindestens 630 [kg/mm²]. Für Sonderfälle gibt es auch
Kugeln von Härten über 670 [kg/mm²].

Versuchsausführung

5. Die Prüffläche muß senkrecht zur Druckrichtung liegen.

6. Der Abstand der Eindruckmitte vom Rande des Probestückes oder von einer
anderen Eindruckstelle ist so zu wählen, daß keine das Ergebnis beeinflussende
Nebenerscheinungen (Aufbeulen des Randes, Ausbauchen) auftreten (Mindest-
abstand $=$ D).

7. Die Belastung ist stoßfrei und gleichmäßig zu steigern. Sie ist in der Regel 30 s
lang auf ihrem Endwert zu belassen. Für Stahl von H $\geqq$ 140 [kg/mm²] genügen 10 s;
für stark fließende Stoffe (Blei, Zink, Lagermetalle usw.) ist eine längere Belastungsdauer zu wählen.

8. Der Eindruckdurchmesser d ist möglichst bis auf hundertstel Millimeter auszumessen.

9. Bei unrunden Eindrücken ist für den Einzelversuch der mittlere Durchmesser maßgebend.

10. Maßgebend ist der Mittelwert aus mindestens 2 Eindrücken.

11. Die Belastungen zu den verschiedenen Kugeln sind nach folgender Zahlentafel zu
wählen[1]).

Kugeldurchmesser D in mm	Belastung P in kg			
	$30\,D^2$	$10\,D^2$	$5\,D^2$	$2,5\,D^2$
10	3000	1000	500	250
5	750	250	125	62,5
2,5	187,5	62,5	31,2	15,6

12. Die Belastung ist so zu wählen, daß der Durchmesser des Kugeleindruckes $d =$
0,2—0,5 D wird. Jedoch wird Stahl in der Regel mit einer Belastung von $30\,D^2$ geprüft. Für Leichtmetallegierungen wird eine Belastung $P = 5\,D^2$ empfohlen. Vergleichbar sind im allgemeinen nur die bei gleichem Belastungsgrad (z. B. $30\,D^2$)
mit Kugeln verschiedenen Durchmessers (senkrechte Spalten) gewonnenen Er-
gebnisse; die gleiche Kugel gibt bei verschiedenen Belastungen (waagerechte
Zeilen) meist nicht übereinstimmende Härtezahlen.

13. Die Härte ist bei Zahlen unter 25 auf 0,1 [kg/mm²], darüber in ganzen [kg/mm²] anzugeben.

14. Zur Kennzeichnung der angewendeten Versuchsbedingungen werden Kugeldurch-
messer, Belastung und Belastungsdauer angegeben:
B e i s p i e l: D = 5 mm, P = 250 kg und 30 s Belastungsdauer: H 5/250/30; für
H 10/3000/30 wird das Kurzzeichen H_n benutzt (Regelversuch).

Umrechnung in Zugfestigkeit

15. Zwischen der Brinellhärte H und der Zugfestigkeit σ_B bestehen angenäherte Beziehungen. Für Stahl ist z. B. in den meisten Fällen

$$\sigma_B \cong 0,36\,H_n.$$

Der so errechnete Wert ist aber nicht als Zugfestigkeit schlechthin zu bezeichnen,
sondern mit dem Zusatz zu versehen: aus der Härte errechnet.

---

[1]) Für weiche Werkstoffe, z. B. Blei, sind folgende Belastungen zulässig:

Kugeldurch- messer D in mm	Belastung P in kg	
	bei gewöhnlicher Temperatur	bei höherer Temperatur
	$1,25\,D^2$	$0,5\,D^2$
10	125	50,0
5	31,2	12,5
2,5	7,8	3,1

Es erscheint zweckmäßig, für den Betriebsmann die deutsche DIN 1605 näher zu erläutern:

Zu 1. Bei dem Kugeldruckversuch nach Brinell wird die Härte in der Weise ermittelt, daß man eine gehärtete Stahlkugel von bestimmtem Durchmesser mit einer bestimmten Kraft in den zu prüfenden Werkstoff, der an der Prüfstelle sauber bearbeitet ist, eindrückt. Der Durchmesser dieses Eindruckes wird mit Hilfe einer Lupe oder eines Mikroskopes ausgemessen und dient zur Bestimmung der Oberfläche des Kugeleindruckes nach der Gleichung

$$O = \frac{\pi\,D^2}{2} - \frac{\pi\,D}{2}\,\sqrt{D^2 - d^2}.$$

In dieser Gleichung bedeutet D den Kugeldurchmesser und d den unter der Lupe bzw. unter dem Mikroskop ermittelten Eindruckdurchmesser. Als Maß der Härte gilt bei diesem Verfahren der Quotient aus der beim Eindrücken der gehärteten Stahlkugel angewandten Belastung P und der Oberfläche O des erzeugten bleibenden Eindruckes. Man erhält also die Brinellhärte auch nach der Gleichung

$$H = \frac{P}{O}\ \text{kg/mm}^2.$$

Zu 2. Die Vorbereitung des Prüflings hängt in erster Linie davon ab, welchem Zweck der Kugeldruckversuch nach Brinell dienen soll. Für den Laboratoriumsversuch erscheint es ratsam, eine blank polierte ebene Fläche auszuführen. Für den Betrieb z. B. in der Vergüterei wird es aber in den meisten Fällen genügen, das Probestück nur anzuschleifen und nicht etwa noch fein zu polieren; dabei ist es auch nicht notwendig, daß die Fläche unbedingt eben ist. Es ist natürlich, daß der Gütezustand der Anschlifffläche von der Belastung und dem Kugeldurchmesser abhängig ist, d. h. je kleiner die Belastung und der Kugeldurchmesser ist, desto sorgfältiger muß die Anschlifffläche vorbereitet sein.

Zu 3. Punkt 3 der DIN 1605 ist insofern überholt, als durch die Einführung der Prüfkugeln 1,25 und 0,625 mm nach den Vorschlägen der Firma Georg Reicherter, Eßlingen (siehe auch zu 11 u. 12) das Aufeinanderlegen von mehreren Blechen nicht mehr zu empfehlen ist.
Aus der Tabelle Seite 135, die im Anhang enthalten ist, sind die Mindeststärken der Werkstoffproben bei der Brinellprüfung ersichtlich. Nach dieser Tabelle müßte Stahlblech von 0,4 mm Stärke und einer zu erwartenden Brinellhärte von etwa 150 mit einer Kugel von 0,625 mm Durchmesser und einer Belastung von 11,7 kg geprüft werden. Wenn dieses Material nur noch eine Stärke von 0,2 mm hat, ist es genauer, die Bleche mit der nächst niedrigen D^2-Reihe, also mit 0,625-mm-Kugel und 3,91-kg-Last zu prüfen, als Bleche aufeinanderzulegen. Es ist dabei immer noch der Forderung genügt, daß der Eindruck 0,2 bis 0,5 D ist. (Siehe auch Erläuterung zu Punkt 12 der DIN 1605.) Für die Härteprüfung dünnwandiger Rohre aus Stahl oder Nichteisenmetallen gelten die Tafeln

Seite 138/139. Diese Tafeln sind ein Beispiel dafür, daß man in der Lage ist, mit dem Kugeldruckversuch nach Brinell auch dünnwandige Hohlkörper (Rohre, Hülsen) o h n e Z e r l e g u n g d e r s e l b e n einwandfrei zu prüfen.
Bei der Prüfung von plattiertem Material gilt die Stärke der Plattierung als Mindeststärke der Werkstoffprobe.

Zu 4. Zu den Kugeln von 10, 5 und 2,5 mm Durchmesser kommen noch die Prüfkugeln von 1,25 und 0,625 mm nach den Vorschlägen der Firma Georg Reicherter, Eßlingen. Im allgemeinen sind die Kugeln für die Brinellprüfung aus gehärtetem Stahl. In der letzten Zeit haben sich Kugeln aus Hartmetall, z. B. Widiametallkugeln, als sehr zweckmäßig für die Härteprüfung erwiesen, da diese eine Härte $H_{p\ 10}$ bis zu 1750 aufweisen. Die Hartmetallkugeln werden vorläufig nur in den Durchmessern 10, 5 und 2,5 mm gefertigt.
Es ist anzustreben, daß der Kugeldruckversuch nach Brinell für den Betrieb bei Härten über 450 Brinell nicht mehr angewandt wird. Der Eindruck bei Härten über 450 Brinell wird sehr flach, so daß er nicht mehr mit genügender Genauigkeit ausgemessen werden kann. Ferner ist die Gefahr vorhanden, daß bei nicht ganz einwandfrei gehärteten Kugeln dieselben abplatten und wiederum Fehlerquellen entstehen. Bei Härten über 450 Brinell erscheint es deshalb zweckmäßig, sich entweder der Vickersprüfung oder der Vorlasthärteprüfung (Rockwellprüfung) zu bedienen.

Zu 5. Der Forderung, daß die Prüffläche senkrecht zur Druckrichtung liegt, wird in der Praxis dadurch Rechnung getragen, daß mit Hilfe eines kugelig gelagerten Prüftisches die Prüffläche senkrecht zur Druckrichtung eingestellt wird.

Zu 6. Wie in der DIN angegeben, ist der Abstand der Eindruckmitte vom Rand des Probestückes oder von einer anderen Eindruckstelle so zu wählen, daß keine das Ergebnis beeinflussenden Nebenerscheinungen (Aufbeulen des Randes, Ausbauchen) auftreten. Um dieser Forderung immer gerecht zu werden, kann es notwendig werden, kleine Prüfbelastungen und kleinere Kugeldurchmesser anzuwenden. Es wäre denkbar, daß eine Prüfstelle bei Belastung von 3000 kg und 10-mm-Kugel Nebenerscheinungen aufweist, die nach Punkt 6 nicht zulässig sind. In einem solchen Falle geht man auf die nächst kleinere Belastung in der gleichen D^2-Reihe zurück, also auf 750, 187,5, 46,9 oder 11,7 kg. Es ist dabei grundsätzlich zu merken, daß nur die Belastungen in der gleichen D^2-Reihe praktisch gleiche Brinellhärten ergeben. Aus der Abb. 104 Seite 132 ist zu ersehen, welche Abweichungen zu erwarten sind. Wenn ganz besondere Gründe vorliegen, z. B. der Grenzfall bei der Prüfung dünnen Materials, ist eine Ausnahme zulässig, vorausgesetzt, daß $d = 0,2{-}0,5\ D$ ist.

Zu 7. Über die Durchführung des Punktes 7 der DIN ist zu sagen, daß die Forderung in diesem Fall in der Praxis nicht immer eingehalten wird. Es sind Prüfmaschinen auf dem Markt, bei denen die Belastungsgeschwindigkeit (gleichmäßige Steigerung der Last während 15 Sekunden) und die Belastungsdauer (die Belastung soll 30 bzw. 10 Sekunden wirken) mehr oder weniger vernachlässigt werden kann. Insbesondere werden solche Maschinen zur Prüfung von Stahlteilen verwendet. Für Vernachlässigung der Belastungsgeschwindigkeit ist Grundbedingung, daß die Prüfmaschine so konstruiert ist, daß Massenkräfte nicht zur Wirkung gelangen können. Solche Maschinen sind z. B. mit Federkraftbelastung bzw. hydraulischem Antrieb ausgerüstet. Gewichtsbelastungsmaschinen dürften für solche Zwecke kaum geeignet sein. Sofern eine Belastungsdauer von weniger als 5 z. B. von nur 1 Sekunde angewendet wird, erscheint es zweckmäßig, eine Korrektur der Werte vorzunehmen.

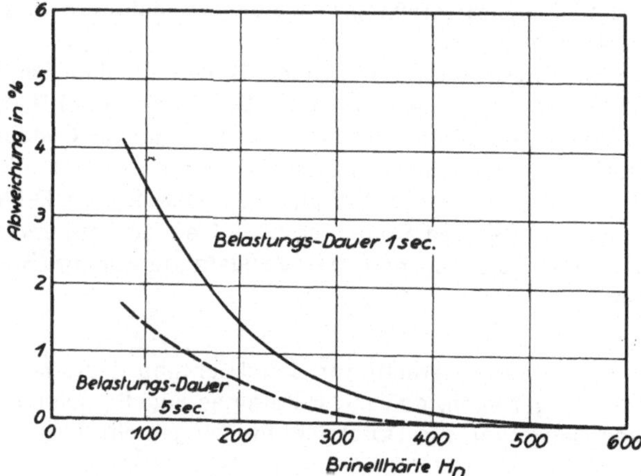

Abb. 2

Einfluß der Belastungsdauer auf die Versuchsergebnisse bei der Kugeldruckprobe. Die Kurven gelten für Stahl

Abbildung 2 zeigt den Einfluß der Belastungsdauer bei 5 und 1 Sekunde auf die Versuchsergebnisse bei dem Kugeldruckversuch nach Brinell. Die Versuche wurden auf Stahl durchgeführt. Es ist ratsam, die Vernachlässigung der Belastungsgeschwindigkeit und Belastungsdauer nur für Prüflinge aus Stahl anzuwenden, im übrigen sich aber nach der Forderung 7 der DIN zu richten.

Zu 8. Diese Forderung sollte weitgehendst erfüllt werden. Das Ausmessen mit den vielfach noch üblichen Lupen ist meistenteils recht primitiv. Bei Anwendung von Prüflasten unter 750 kg ist die Forderung zu stellen, daß die Eindrücke in jedem Fall auf 0,01 mm, bei den Belastungen unter 62,5 auf 0,001 mm genau ausgemessen werden. Eine Erleichterung bietet die Toleranzprüfung, die auf S. 15 unter Härteprüfer „BRIVISKOP" und „BRIVISOR" und auf S. 34 näher beschrieben ist. Ganz besonders muß man beim Ausmessen der Eindrücke darauf achten, daß das Werkstück absolut ruhig liegt und während des Messens relativ zum Mikroskop keine Bewegungen ausführen kann. Das Festhalten des Werkstückes, das sogenannte Einspannen, ist auch in diesem Falle sehr zweckmäßig.

Zu 9. Unrunde Eindrücke werden insbesondere bei gezogenem Material oder unebener Fläche auftreten. Bei gezogenem Material ist es von vornherein zweckmäßig, den mittleren Durchmesser zu bestimmen.

Zu 10. Bei der betriebsmäßigen Härteprüfung wird man sich in den meisten Fällen mit einem Eindruck pro Probestück begnügen können.

Zu 11 u. 12. Die Firma Georg Reicherter, Eßlingen, hat von sich aus die Kugeldurchmesser und die Prüfbelastungen nach unten erweitert. Da dünnstes Material, wie dünne Bleche aus Stahl, dünne Nichteisenmetallbänder, dünne Stahlrohre oder sonstig geartete Hülsen ebenfalls der Brinellprobe unterzogen werden müssen, war es notwendig, neue Prüfbelastungen und entsprechende Prüfkugeln einzuführen. Da es für den Betriebsmann wichtig ist, den Satz der DIN:

"Die Belastung ist so zu wählen, daß der Durchmesser des Kugeleindruckes $d = 0,2—0,5\ D$ wird, jedoch wird Stahl in der Regel mit einer Belastung von $30\ D^2$ geprüft"

zu erläutern, d. h. anzugeben, welches Material mit $30\ D^2$, $10\ D^2$, $5\ D^2$ und $2,5\ D^2$ zu prüfen ist, so wird auf Tafel 1 hingewiesen, in der die Prüflasten der DIN und die Prüflasten, die die Firma Georg Reicherter von sich aus eingeführt hat, eingetragen sind. In dieser Tabelle ist auch angegeben, mit welchen Belastungen und Prüfkugeln die verschiedenen Materialsorten in der Regel geprüft werden.

Kugeldurch-messer D in mm	Belastung P in kg			
	$30\ D^2$ für Stahl- und Gußeisen $H = 143—450$	$10\ D^2$ für Nichteisen-metalle, insbe-sondere Mes-sing und ver-gütetes Alu-minium $H = 47,5—315$	$5\ D^2$ für Nichteisen-metalle, insbe-sondere Alu-minium $H = 23,8—158$	$2,5\ D^2$ für Nichteisen-metalle, insbe-sondere Lager-metall $H = 11,9—78,8$
10	3000	1000	500	250
5	750	250	125	62,5
2,5	187,5	62,5	31,2	15,6
1,25	46,9	15,6	7,81	3,91
0,625	11,7	3,91	1,953	0,977

Tafel 1

Zu 13 Zur Kennzeichnung der angewandten Versuchsbedingungen ist es für den Be-
u. 14. triebsmann notwendig, daß er sich der richtigen Schreibweise (Kurzzeichen
s. S. 123) bedient, damit man auch späterhin feststellen kann, mit welcher
Belastung und mit welchem Kugeldurchmesser der Kugeldruckversuch nach
Brinell ausgeführt wurde. In den nachfolgenden Prüfbeispielen sind Kurzzeichen angewandt.

Zu 15. Für die Umrechnung der Brinellhärte in Zugfestigkeit σ_B bestehen für Kohlenstoffstahl und Chromnickelstahl angenäherte Beziehungen. Sie lauten

für Kohlenstoffstahl (Zugfestigkeit 30—100 kg/mm² $\sigma_B = 0,36$ H),

für Chromnickelstahl (Zugfestigkeit 65—100 kg/mm² $\sigma_B = 0,34$ H).

Es wird immer und immer wieder von der Praxis verlangt, daß man auch für Nichteisenmetalle, Grauguß, Stahlguß usw. die Beziehung zwischen Brinellhärte und Zugfestigkeit feststelle. Durch die Literatur ist bekannt, daß einfache Beziehungen bis heute nicht
zu finden waren. Die Praxis muß sich vorläufig damit abfinden, daß nur bei Kohlenstoffstahl und Chromnickelstahl, allenfalls auch noch bei Duralumin auf Grund des
Kugeldruckversuches die Zugfestigkeit durch einfache Multiplikation bestimmt werden
kann. Bei allen anderen Materialsorten, wie Grauguß, Nichteisenmetallen usw., muß
sich die Praxis nach dem heutigen Stand der Forschung mit der reinen Brinellhärte
begnügen. Es erscheint jedoch nicht ausgeschlossen, daß die Forschung noch Wege
findet, den Kugeldruckversuch nach Brinell weiter zu entwickeln, so daß vielleicht für
nicht gegossene Nichteisenmetalle Beziehungen zur Zugfestigkeit geschaffen werden,
die den Zerreißversuch für die meisten Fälle der Betriebspraxis ersetzen könnten.
Zur Ausführung des Kugeldruckversuches nach Brinell stehen zur Verfügung:

1. Härteprüfmaschine „BRIVISKOP 187,5"

2. Härteprüfmaschine „BRIVISKOP 250"

3. Härteprüfmaschine „BRIVISKOP 3000"

4. Härteprüfmaschine „BRIVISKOP 115"

5. Härteprüfmaschine „BRIVISKOP 116"

6. Härteprüfmaschine „BRIVISKOP 121"

7. Härteprüfmaschine „BRIVISOR 3000"

8. Härteprüfmaschine „BRIVISOR 250"

9. Härteprüfmaschine „BRIVISOR 62,5"

10. Härteprüfmaschine „BRF"

11. Härteprüfmaschine „BRIRO UV 1000"

12. Härteprüfmaschine „BRIRO UV"

Die Härteprüfmaschinen „BRIVISKOP" und „BRIVISOR" sind die idealen Maschinen zur Ausführung des Kugeldruckversuches nach Brinell. Das Hauptmerkmal der „BRI-VISKOPE" und der „BRIVISOREN" ist:

Belastungseinrichtung und Mikroskop in einer Maschine vereinigt.

Bei den „BRIVISKOPEN" werden die Eindrücke auf eine Mattscheibe projiziert und dort mit Hilfe der Meßeinrichtung, die in Verbindung mit einer Mikrometerschraube arbeitet, auf 0,01 bzw. 0,001 mm genau ausgewertet. Die Härteprüfmaschinen „BRI-VISOR" haben monokulare Auswertung. Die Auswertung erfolgt durch Verschieben einer Grundskala. Die 0,01 bzw. 0,001 mm werden an der Meßuhr abgelesen. Bei den Härteprüfmaschinen „BRIVISKOP" und bei der Härteprüfmaschine „BRIVISOR 3000" ist die Belastungsgeschwindigkeit regelbar. Die Belastungsdauer ist an einer Stopp-uhr einstellbar. In den Härteprüfmaschinen „BRIVISKOP" und „BRIVISOR" kann neben dem Kugeldruckversuch nach Brinell auch die Vickersprüfung durchgeführt werden (siehe Gruppe III).
Zur Auswertung von Brinelleindrücken auf „Gut" und „Ausschuß" sind Toleranzstrich-platten vorgesehen. Die Arbeitsweise mit den Toleranzstrichplatten ist auf S. 34 näher beschrieben.
Die Härteprüfmaschinen „BRF", „BRIRO UV" und „UV 1000" sind mit Meßuhrein-richtung zum Messen der Eindringtiefe der Kugel versehen. Wenn bei diesen Maschinen nicht die Vorlasthärteprüfung (Tiefenmessung) durchgeführt wird, erfolgt die Aus-wertung des erzeugten Eindruckes mit Hilfe des „PROJISKOPES", oder des „MESS-UHRMIKROSKOPES", oder auch mit handelsüblichen Lupen nach Bild 17/19. Da diese Maschinen hauptsächlich für die Tiefenmessung Verwendung finden, so sind dieselben unter der Gruppe II „Härteprüfung mit Vorlast" näher beschrieben.

Abb. 3

Härteprüfmaschine „BRIVISKOP 187,5"

MASCHINENBESCHREIBUNG GRUPPE I UND III

Bezeichnung: Härteprüfmaschine „BRIVISKOP 187,5"

Art der Prüfung: Brinell- und Vickersprüfung

Verwendungszweck: Universalprüfmaschine

BRINELLPRÜFUNG

Prüfbelastungen und Prüfkörper:

Kugeldurch-messer D in mm	Belastung P in kg			
	$30\ D^2$	$10\ D^2$	$5\ D^2$	$2,5\ D^2$
5	—	—	125	62,5
2,5	187,5	62,5	31,2	15,6
1,25	46,9	15,6	7,81	3,91
0,625	11,7	3,91	1,953	0,977

VICKERSPRÜFUNG

Prüfkörper Diamant-pyramide 136^0	Belastung P in kg						
	120	100	80	60	50	40	30
	20	10	5	4	3	2	1

Kurzbeschreibung: Belastungseinrichtung und Mikroskop sind in einer Maschine vereinigt. Die erzeugten Eindrücke werden auf die Mattscheibe projiziert und dort mit Hilfe des Messgerätes ausgewertet. Ablesung von 0,001 mm. Federbelastungsmaschine; die einzelnen Prüflasten sind an den Skalen einstellbar. Belastungsgeschwindigkeit durch Ölbremse regelbar, Belastungsdauer durch Stoppuhr einstellbar, Einspannung der Prüflinge durch regelbare Einspannkraft. Optik 70fach.

Abmessungen und Gewichte: Ausladung 150 mm. Größte Prüfhöhe 250 mm. Abmessungen der Grundplatte 250×500 mm. Gewicht ca. 150 kg

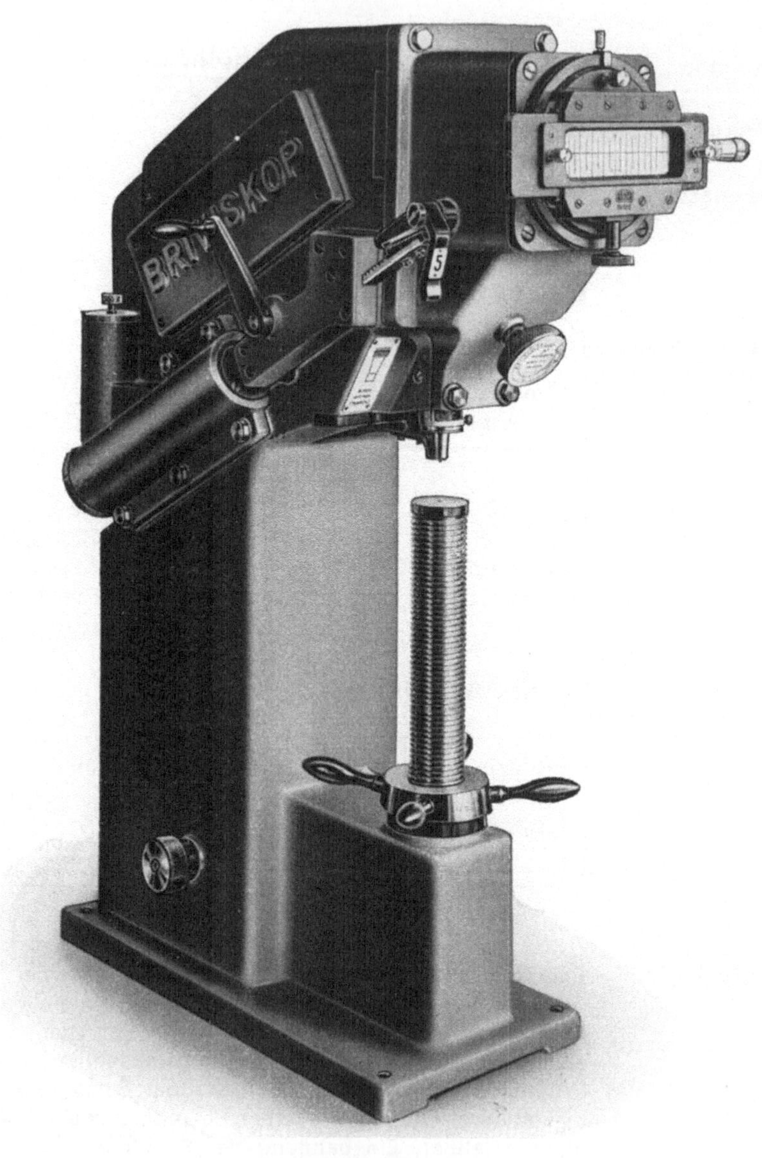

Abb. 4

Härteprüfmaschine „BRIVISKOP 250"

MASCHINENBESCHREIBUNG GRUPPE I UND III

Bezeichnung: Härteprüfmaschine ,,BRIVISKOP 250"

Art der Prüfung: Brinell- und Vickersprüfung

Verwendungszweck: Universalprüfmaschine

BRINELLPRÜFUNG

Prüfbelastungen und Prüfkörper:

Kugeldurch-messer D in mm	Belastung P in kg			
	$30\,D^2$	$10\,D^2$	$5\,D^2$	$2,5\,D^2$
5	—	250	125	62,5
2,5	187,5	62,5	31,2	15,6
1,25	46,9	15,6	7,81	3,91
0,625	11,7	3,91	1,953	—

VICKERSPRÜFUNG

Prüfkörper Diamant-pyramide ·136°	Belastung P in kg						
	120	100	80	60	50	40	30
	20	10	5	4	3	2	—

Kurzbeschreibung: Belastungseinrichtung und Mikroskop sind in einer Maschine vereinigt. Die erzeugten Eindrücke werden auf die Mattscheibe projiziert und dort mit Hilfe des Meßgerätes ausgewertet. Ablesung von 0,001 mm. Federbelastungsmaschine; die einzelnen Prüflasten sind an den Skalen einstellbar. Belastungsgeschwindigkeit durch Ölbremse regelbar, Belastungsdauer durch Stoppuhr einstellbar, Einspannung der Prüflinge durch regelbare Einspannkraft. Optik 42fach.

Abmessungen und Gewichte: Ausladung 150 mm. Größte Prüfhöhe 250 mm. Abmessungen der Grundplatte 280×500 mm. Gewicht ca. 170 kg

Abb. 5. Härteprüfmaschine ,,BRIVISKOP 3000''

MASCHINENBESCHREIBUNG GRUPPE I UND III

Bezeichnung: Härteprüfmaschine ,,BRIVISKOP 3000"

Art der Prüfung: Brinell- und Vickersprüfung

Verwendungszweck: Universalprüfmaschine, Brinellschnellpresse

BRINELLPRÜFUNG

Prüfbelastungen und Prüfkörper:

Kugeldurch-messer D in mm	Belastung P in kg			
	$30\,D^2$	$10\,D^2$	$5\,D^2$	$2,5\,D^2$
10	3000	1000	500	250
5	750	250	125	62,5
2,5	187,5	62,5	—	—

VICKERSPRÜFUNG

Prüfkörper Diamantpyramide 136°	Belastung P in kg		
	120	100	80

Kurzbeschreibung: Belastungseinrichtung und Mikroskop sind in einer Maschine vereinigt. Die erzeugten Eindrücke werden auf die Mattscheibe projiziert und dort mit Hilfe des Meßgerätes ausgewertet. Ablesung von 0,01 mm. Federbelastungsmaschine; die einzelnen Prüflasten sind an den Skalen einstellbar. Belastungsdauer durch Stoppuhr einstellbar, Einspannung der Prüflinge. Optik 14fach.

Abmessungen und Gewichte:

	Größe I	Größe II
Ausladung	150 mm	250 mm
Größte Prüfhöhe	400 mm	500 mm
Abmessungen der Grundplatte	350×680 mm	350×860 mm
Gewicht	ca. 390 kg	ca. 520 kg

Abb. 6

Härteprüfmaschine „BRIVISKOP 115"

MASCHINENBESCHREIBUNG GRUPPE I UND III

Bezeichnung: Härteprüfmaschine „BRIVISKOP 115"

Art der Prüfung: Brinell- und Vickersprüfung

Verwendungszweck: Maschine für größere Konstruktionsteile, großer Tisch für den Aufbau von Prüfvorrichtungen

BRINELLPRÜFUNG

Prüfbelastungen und Prüfkörper:

Kugeldurch-messer D in mm	Belastung P in kg			
	$30\,D^2$	$10\,D^2$	$5\,D^2$	$2,5\,D^2$
5	—	250	125	62,5
2,5	187,5	62,5	31,2	15,6
1,25	46,9	15,6	7,81	—
0,625	11,7	—	—	—

VICKERSPRÜFUNG

Prufkörper Diamantpyramide 136^0	Belastung P in kg				
	120	100	80	60	50
	40	30	20	10	5

Kurzbeschreibung: Belastungseinrichtung und Mikroskop sind in einer Maschine vereinigt. Die erzeugten Eindrücke werden auf die Mattscheibe projiziert und dort mit Hilfe des Meßgerätes ausgewertet. Ablesung von 0,001 mm. Federbelastungsmaschine; die einzelnen Prüflasten sind an den Skalen einstellbar. Belastungsgeschwindigkeit durch Ölbremse regelbar, Belastungsdauer durch Stoppuhr einstellbar, Einspannung der Prüflinge.

Abmessungen und Gewichte: Ausladung 200 mm. Größte Prüfhöhe 500 mm. Abmessungen der Grundplatte 700×380 mm. Abmessungen des Tisches 330×800 mm. Gewicht ca. 500 kg

Abb. 7. Härteprüfmaschine „BRIVISKOP 121"

MASCHINENBESCHREIBUNG GRUPPE I UND III

Bezeichnung: Härteprüfmaschine ,,BRIVISKOP 121"

Art der Prüfung: Brinell- und Vickersprüfung

Verwendungszweck: Sonderprüfmaschine zum Prüfen großer und sperriger Werkstücke. Prüfung eingehenden Materials. Prüfung von Blechtafeln

BRINELLPRÜFUNG

Prüfbelastungen und Prüfkörper:

Kugeldurchmesser D in mm	Belastung P in kg			
	$30\,D^2$	$10\,D^2$	$5\,D^2$	$2,5\,D^2$
10	3000	1000	500	250
5	750	250	125	62,5
2,5	187,5	62,5	—	—

VICKERSPRÜFUNG

Prüfkörper Diamantpyramide 136°	Belastung P in kg		
	120	100	80

Kurzbeschreibung: Belastungseinrichtung und Mikroskop sind in einer Maschine vereinigt. Die erzeugten Eindrücke werden auf die Mattscheibe projiziert und dort mit Hilfe des Meßgerätes ausgewertet. Ablesung von 0,01 mm. Federbelastungsmaschine; die einzelnen Prüflasten sind an den Skalen einstellbar. Belastungsdauer durch Stoppuhr einstellbar. Gewicht der Maschine durch Gegengewicht ausgeglichen. Dadurch Prüfung von Werkstücken auf Rollenböcken möglich. Einspannung der Prüflinge. Optik 14fach.

Abmessungen und Gewichte: Ausladung 250 mm. Größte Prüfhöhe 500 mm. Abmessungen der Grundplatte ca. 550×850 mm. Gewicht ca. 1200 kg

Abb. 8

Härteprüfmaschine „BRIVISKOP 116"

MASCHINENBESCHREIBUNG GRUPPE I UND III

Bezeichnung: Härteprüfmaschine „BRIVISKOP 116"

Art der Prüfung: Brinell- und Vickersprüfung

Verwendungszweck: Maschine für größere Konstruktionsteile, großer Tisch für den Aufbau von Prüfvorrichtungen

BRINELLPRÜFUNG

Prüfbelastungen und Prüfkörper:

Kugeldurch-messer D in mm	Belastung P in kg			
	$30\,D^2$	$10\,D^2$	$5\,D^2$	$2,5\,D^2$
10	3000	1000	500	250
5	750	250	125	62,5
2,5	187,5	62,5	—	—

VICKERSPRÜFUNG

Prüfkörper Diamantpyramide 136°	Belastung P in kg		
	120	100	80

Kurzbeschreibung: Belastungseinrichtung und Mikroskop sind in einer Maschine vereinigt. Die erzeugten Eindrücke werden auf die Mattscheibe projiziert und dort mit Hilfe des Meßgerätes ausgewertet. Ablesung von 0,01 mm. Federbelastungsmaschine; die einzelnen Prüflasten sind an den Skalen einstellbar. Belastungsdauer durch Stoppuhr einstellbar, Einspannung der Prüflinge. Optik 14fach.

Abmessungen und Gewichte: Ausladung 250 mm. Größte Prüfhöhe 500 mm. Abmessungen der Grundplatte 850×450 mm. Abmessungen des Tisches 420×1000 mm. Gewicht ca. 750 kg

Abb. 9

Härteprüfmaschine „BRIVISOR 3000"

MASCHINENBESCHREIBUNG GRUPPE I UND III

Bezeichnung: Härteprüfmaschine ,,BRIVISOR 3000"

Art der Prüfung: Brinell- und Vickersprüfung

Verwendungszweck: Universalprüfmaschine

BRINELLPRÜFUNG

Prüfbelastungen und Prüfkörper:

Kugeldurch- messer D in mm	Belastung P in kg			
	30 D²	10 D²	5 D²	2,5 D²
10	3000	1000	500	250
5	750	250	125[1]	62,5[1]
2,5	187,5	62,5[1]	—	—

[1]) Sonderzubehör

VICKERSPRÜFUNG

Prüfkörper Diamantpyramide 136°	Belastung P in kg			
	120	100[1]	80[1]	60[1]

[1]) Sonderzubehör

Kurzbeschreibung: Gewichtsbelastungsmaschine. Belastungseinrichtung und Mikroskop sind in einer Maschine vereinigt. Das Auswerten der durch die Belastungseinrichtung erzeugten Eindrücke erfolgt in der Maschine, indem das Druckstück aus der optischen Achse herausgeschoben wird. Ablesung des Eindruckdurchmessers bzw. der Länge der Diagonale an der Meßuhr. Auswertung in 2 Richtungen. Ablesung von 0,01 mm, Festlegung von Toleranzen an der Meßuhr. Vergrößerung der Optik 20fach. Auswertung von sandstrahlbehandelten Teilen möglich.

Abmessungen und Gewichte: Ausladung 125 mm. Größte Prüfhöhe 340 mm. Abmessungen der Grundplatte 230×580 mm. Gewicht ca. 210 kg

Abb. 10

Härteprüfmaschine „BRIVISOR 250"

MASCHINENBESCHREIBUNG GRUPPE I UND III

Bezeichnung: Härteprüfmaschine „BRIVISOR 250"

Art der Prüfung: Brinell- und Vickersprüfung

Verwendungszweck: Einzweckmaschine

BRINELLPRÜFUNG

Prüfbelastungen und Prüfkörper:

Kugeldurch-messer D in mm	Belastung P in kg			
	$30\,D^2$	$10\,D^2$	$5\,D^2$	$2,5\,D^2$
5	—	250	125	62,5
2,5	187,5	62,5	31,2	15,6
1,25	46,9	15,6	—	—
0,625	11,7	—	—	—

VICKERSPRÜFUNG

Prüfkörper Diamantpyramide 136^0	Belastung P in kg				
	120	100	80	60	50
	40	30	20	10	—

Kurzbeschreibung: Federbelastungsmaschine[1]). Belastungseinrichtung und Mikroskop sind in einer Maschine vereinigt. Das Auswerten der durch die Belastungseinrichtung erzeugten Eindrücke erfolgt in der Maschine, indem das Druckstück aus der optischen Achse herausgeschoben wird. Ablesung des Eindruckdurchmessers bzw. der Länge der Diagonale an der Meßuhr. Auswertung in 2 Richtungen. Ablesung von 0,005 mm. Auswertung von blau angelassenen oder brünierten Teilen möglich. Festlegung von Toleranzen an der Meßuhr. Vergrößerung der Optik 30fach.

Abmessungen und Gewichte: Ausladung 125 mm. Größte Prüfhöhe 300 mm. Abmessungen der Grundplatte 210×610 mm. Gewicht ca. 70 kg

---

[1]) Laststufen nach Wahl.

Abb. 11

Härteprüfmaschine ,,BRIVISOR 62,5''

Bezeichnung: Härteprüfmaschine ,,BRIVISOR 62,5''

Art der Prüfung: Brinell- und Vickersprüfung

Verwendungszweck: Einzweckmaschine

BRINELLPRÜFUNG

Prüfbelastungen und Prüfkörper:

Kugeldurch-messer D in mm	Belastung P in kg			
	30 D²	10 D²	5 D²	2,5 D²
5	—	—	—	62,5
2,5	—	62,5	31,2	15,6
1,25	46,9	15,6	7,81	3,91
0,625	11,7	3,91	1,953	0,977

VICKERSPRÜFUNG

Prüfkörper Diamantpyramide 136°	Belastung P in kg					
	60	50	40	30	20	10
	5	4	3	**2**	1	—

Kurzbeschreibung: Federbelastungsmaschine[1]). Belastungseinrichtung und Mikroskop sind in einer Maschine vereinigt. Das Auswerten der durch die Belastungseinrichtung erzeugten Eindrücke erfolgt in der Maschine, indem das Druckstück aus der optischen Achse herausgeschoben wird. Ablesung des Eindruckdurchmessers bzw. der Länge der Diagonale an der Meßuhr. Auswertung in 2 Richtungen. Ablesung von 0,005 mm. Auswertung von blau angelassenen oder brünierten Teilen möglich. Festlegung von Toleranzen an der Meßuhr. Vergrößerung der Optik 50fach.

Abmessungen und Gewichte: Ausladung 125 mm. Größte Prüfhöhe 300 mm. Abmessungen der Grundplatte 210×610 mm. Gewicht ca. 70 kg

[1]) Laststufen nach Wahl.

Auswertung der Brinell- und Vickerseindrücke

Zum Auswerten der Brinell- und Vickerseindrücke (Gruppe I u. III) außerhalb der Maschine eignet sich das „PROJISKOP" (Abb. 15) und das Meßuhr-Mikroskop (Abb. 13) in ganz hervorragender Weise. Auch das Brinell-Mikroskop (Abb. 17) und die Brinell-Lupe (Abb. 18 u. 19) sind wertvolle Hilfsmittel für die Auswertung von Brinelleindrücken. Es ist zu beachten, daß die Lupen (Abb. 18 u. 19) höchstens noch eine Ablesegenauigkeit von $^1/_{10}$ mm haben.

Bei dem „PROJISKOP" erscheint der Eindruck auf der Mattscheibe und kann dort mit Hilfe der Meßeinrichtung ausgemessen werden. Bei dem Meßuhr-Mikroskop wird die monokulare Auswertung angewandt. Die Auswertung erfolgt durch Verschieben einer Grundskala. Die 0,01 bzw. 0,005 mm werden an der Meßuhr abgelesen. Für die Serienprüfung ist es von großer Bedeutung, daß das „PROJISKOP" und das Meßuhr-Mikroskop mit Toleranzstrichplatten, sogenannten Grenzlehren, ausgestattet werden können. Diese Toleranzstrichplatten tragen Dreistrichmarken, die entsprechend der Vergrößerung im Mikroskop eingeteilt sind.

Abb. 12

Bei Verwendung dieser Grenzlehren oder Toleranzstrichplatten wird der linke Teilstrich an den linken Eindrucksrand beigestellt. Wenn der Eindruck innerhalb der beiden rechten Teilstriche liegt, hat der Prüfling die richtige Härte. Liegt der Eindruck links von den Toleranzstrichen, so ist das Werkstück zu hart, liegt er rechts davon, ist es zu weich.

„Gut" und „Ausschuß" ist mit einem Blick zu erkennen.

Die Grenzlehren der Härteprüfung sind für den Betriebsmann ganz besonders wichtig. Sie bringen bei der Mengenprüfung viel Zeitgewinn und absolute Sicherheit dafür, daß der Prüfende keine Fehlablesungen vornimmt.

Meßuhr-Mikroskop

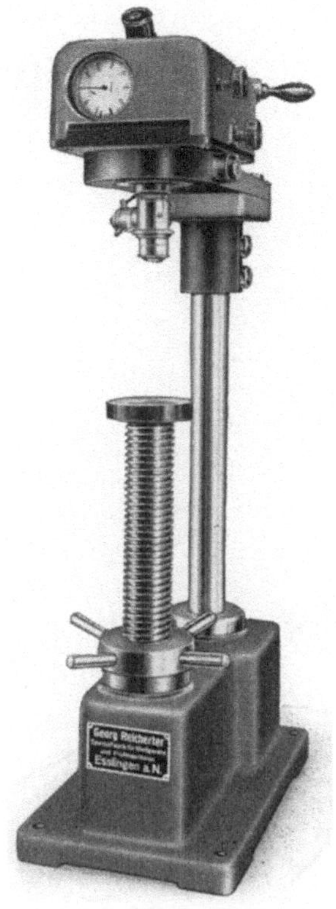

Abb. 13

Meßuhr-Mikroskop

Kurzbeschreibung:

Beistellen des Prüflings gegen das Mikroskop, bis Eindruck im Okular scharf ist. Auswertung der Eindrücke mit Hilfe der Grundskala und der Meßuhr. Auswertung in 2 Richtungen möglich. Bei der Prüfung auf „Gut" und „Ausschuß" werden Grenzlehren eingesetzt. Durch Stellen der Toleranzmarken an der Meßuhr ist außerdem Toleranzprüfung auf „Gut" und „Ausschuß" möglich.

Ablesung der ganzen Millimeter an der Grundskala. Ablesung der 0,1 mm und 0,01 bzw. 0,005 mm an der Meßuhr

Ablesung in der schematischen Darstellung 4,73 mm

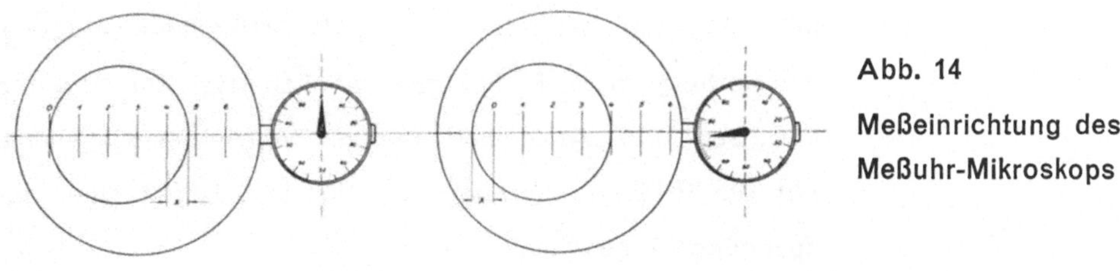

Abb. 14

Meßeinrichtung des Meßuhr-Mikroskops

Ausführung A: Größter auszumessender Eindruckdurchmesser 7 mm, Vergrößerung 20fach, Ablesung von 0,01 mm an der Meßuhr

Ausführung B: Größter auszumessender Eindruckdurchmesser 3 mm, Vergrößerung 50fach, Ablesung von 0,005 mm an der Meßuhr

Abmessungen und Gewichte: Abmessungen der Grundplatte 200×330 mm. Ausladung 150 mm. Größte Meßhöhe ca. 200 mm. Gewicht einschließlich normalen Zubehörs ca. 35 kg

„PROJISKOP"

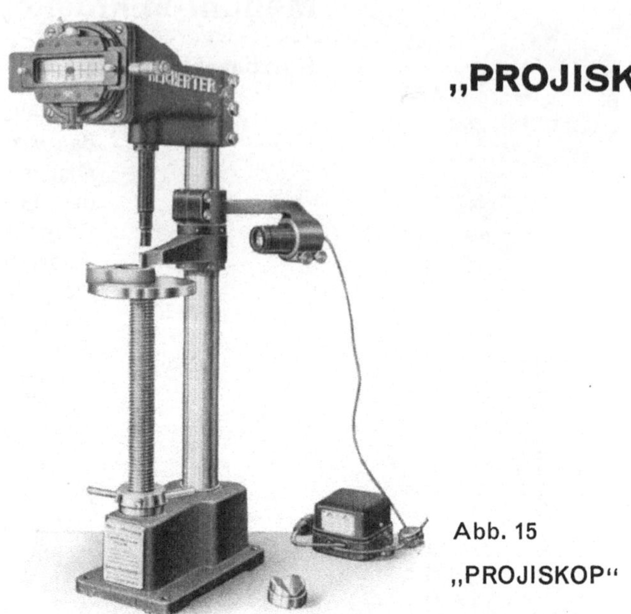

Abb. 15

„PROJISKOP"

Kurzbeschreibung: Beistellen des Prüflings gegen das Mikroskop bis Eindruck auf der Mattscheibe scharf ist. Auswertung des Eindruckes mit Hilfe der Grundskala und der Mikrometerschraube. Auswertung in 2 Richtungen möglich. Bei der Prüfung auf „Gut" und „Ausschuß" werden Grenzlehren eingesetzt. Für die Prüfung überhängender Werkstücke ist eine Einspannung vorgesehen

Ablesung der 0,1 mm an der Grundskala, der 0,01 mm am Nonius, der 0,001 mm an der Mikrometerschraube

Abb. 16

Meßeinrichtung des „PROJISKOPS"

Ausführung A: Größter auszumessender Eindruckdurchmesser 7 mm, Vergrößerung 14fach, Ablesung von 0,01 mm an der Mikrometerschraube

Ausführung B: Größter auszumessender Eindruckdurchmesser 2,75 mm, Vergrößerung 42fach, Ablesung von 0,001 mm an der Mikrometerschraube

Ausführung C: Größter auszumessender Eindruckdurchmesser 1,6 mm, Vergrößerung 70fach, Ablesung von 0,001 mm an der Mikrometerschraube

Abmessungen und Gewichte: Abmessungen der Grundplatte 200 × 330 mm. Ausladung 150 mm. Größte Meßhöhe ca. 320 mm. Gewicht einschließlich normalen Zubehörs ca. 65 kg

Handelsübliche Lupen

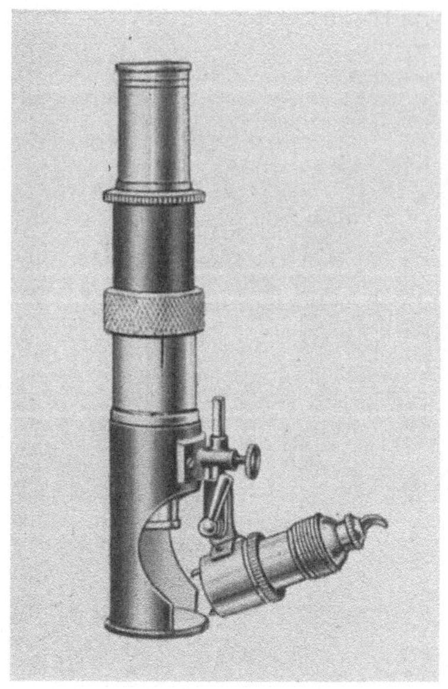

Abb. 18

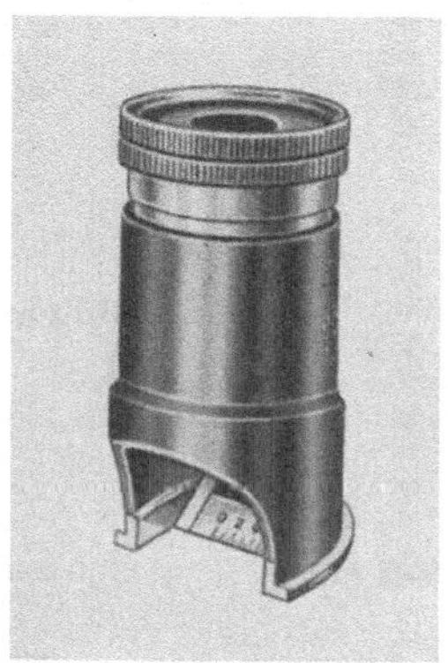

Abb. 17

Abb. 19

Prüfbeispiele für die Brinellprüfung

In den nachfolgenden Prüfbeispielen wird an Hand der „BRIVISKOP"- und „BRI-VISOR"-Maschinen gezeigt, welche Art von Prüfungen nach Brinell ausführbar sind. Den Prüfbeispielen sind Erläuterungen beigegeben. Aus diesen Erläuterungen ist zu entnehmen, auf was alles bei dem Kugeldruckversuch nach Brinell zu achten ist. Bei getrenntem Arbeiten von Maschine und Mikroskop (Auswertung der Eindrücke außerhalb der Maschine) sind die Prüfbeispiele sinngemäß anzuwenden.

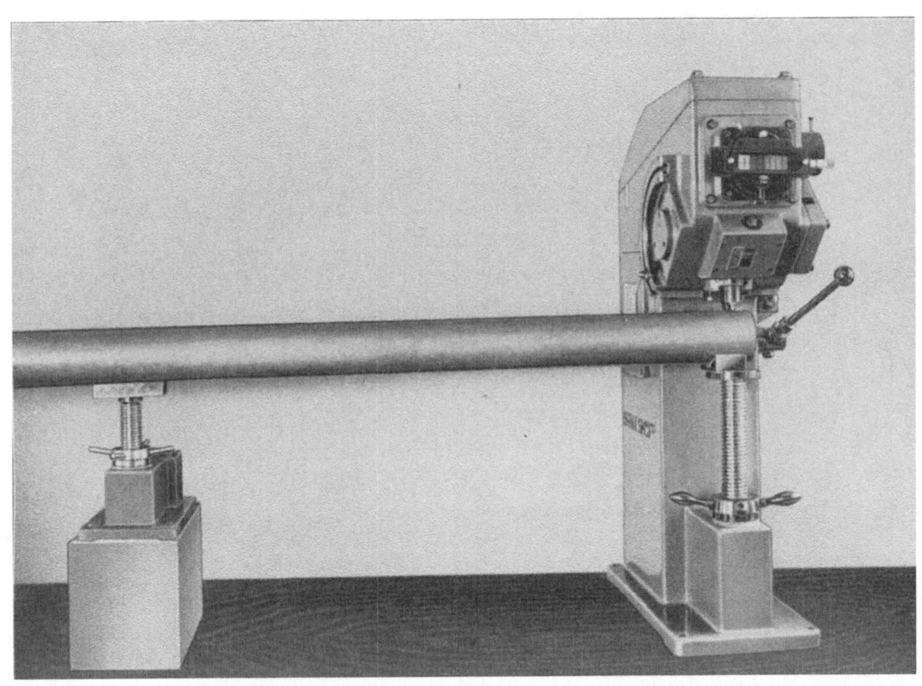

Abb. 20

PRÜFBEISPIEL 20

Prüfling: Stangenmaterial, St. 50.11

Prüfbedingungen: $H_{10/3000/10}$ 140—165 oder σ_B 50—60 kg/mm²

Maschinentype: „BRIVISKOP 3000" Größe I

Sondereinrichtung: Verstellbare Hilfsauflage zur Abstützung der überhängenden Stange und zur Anpassung an die Durchmesser

Prüfergebnis: Eindruckdurchmesser 5,00 mm

Schreibweise: $H_{10/3000/10}$ 143 oder σ_B 51,5 kg/mm²

Bemerkung: Das eingehende Material wird angeschliffen oder angefeilt. Die Hilfsauflage ist für die sichere Prüfung unerläßlich. Aus Zahlentafel S. 198—200 wird zur Brinellhärte von 143 die Zugfestigkeit σ_B für Kohlenstoffstahl festgestellt.

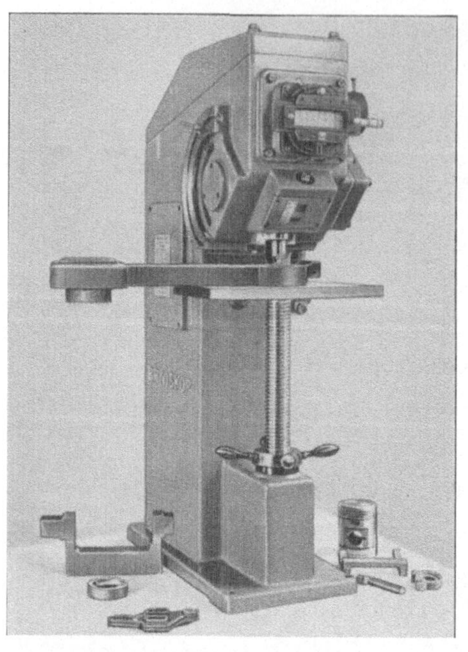

Abb. 21   Abb. 22

PRÜFBEISPIEL 21

Prüfling:	Maschinenteil, Grauguß
Prüfbedingungen:	$H_{10/3000/10}$ 180—200
Maschinentype:	„BRIVISKOP 3000"
Sondereinrichtung:	Großer Prüftisch 350×200 mm
Prüfergebnis:	Eindruckdurchmesser 4,44 mm
Schreibweise:	$H_{10/3000/10}$ 184
Bemerkung:	—

PRÜFBEISPIEL 22

Prüfling:	Lagerschale mit Lagermetall ausgegossen
Prüfbedingungen:	$H_{10/500/30}$ 60—65
Maschinentype:	„BRIVISKOP 3000"
Sondereinrichtung:	Prüfkopf ohne Haltestollen
Prüfergebnis:	Eindruckdurchmesser 3,13 mm
Schreibweise:	$H_{10/500/30}$ 63,3
Bemerkung:	Die Lagerschale wird mit Prüfkopf ohne Stollen geprüft, d. h. der Prüfling wird nicht eingespannt, sondern es wird auf Sehschärfe beigestellt.

Abb. 23

PRÜFBEISPIEL 23

Prüfling: Maschinenteil, Spezialmaterial vergütet

Prüfbedingungen: $H_{10/3000/10}$ 280—320

Maschinentype: „BRIVISKOP 3000"

Sondereinrichtung: Bei angenommener Mengenprüfung Toleranzstrichplatte erforderlich

Prüfergebnis: Eindruckdurchmesser liegt in der Toleranz

Schreibweise: $H_{10/3000/10}$ 280—320 Gut

Bemerkung: Da für das Teil Mengenprüfung vorausgesetzt ist, wird eine Toleranzstrichplatte angewandt, die einem Eindruckdurchmesser von 3,40—3,63 = H 280—320 entspricht (siehe S. 34 Abb. 12).

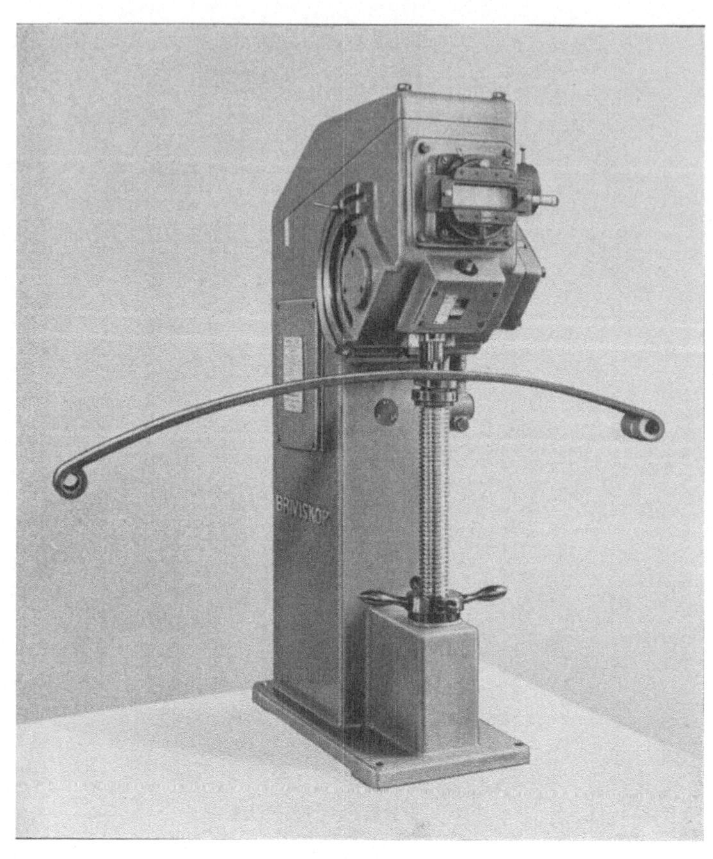

Abb. 24

PRÜFBEISPIEL 24

Prüfling:	Federblatt, Spezialmaterial vergütet
Prüfbedingungen:	$H_{10/3000/10}$ 350—420
Maschinentype:	„BRIVISKOP 3000"
Sondereinrichtung:	Kugeltisch zur Anpassung des Federblattes an den Prüfkopf, feste Einspannung, Spezialprüfkopf
Prüfergebnis:	Eindruckdurchmesser 3,15 mm
Schreibweise:	$H_{10/3000/10}$ 375
Bemerkung:	Das Federblatt kann über die ganze Länge geprüft werden. Es stellt sich zu dem zweistolligen Prüfkopf, der auf einem Kugeltisch gelagert ist, parallel. Die Prüfung wird zweckmäßig mit Toleranzstrichplatten vorgenommen.

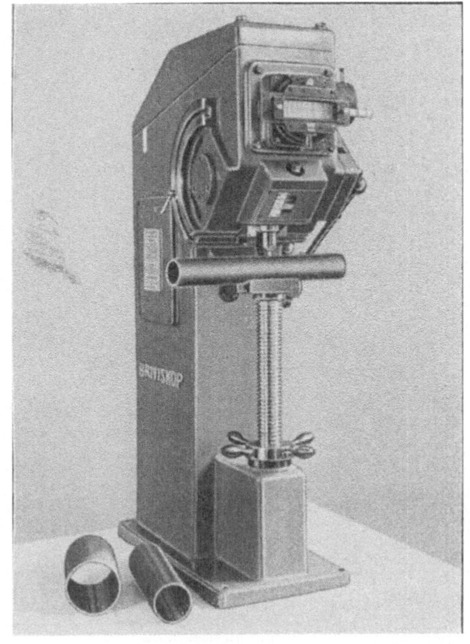

<table>
<tr><td style="text-align:center">Abb. 25</td><td style="text-align:center">Abb. 26</td></tr>
</table>

PRÜFBEISPIEL 25

Prüfling:	Rohrabschnitt, Spezialmaterial vergütet
Prüfbedingungen:	$H_{5/750/5}$ 240—270
Maschinentype:	„BRIVISKOP 3000"
Sondereinrichtung:	—
Prüfergebnis:	Eindruckdurchmesser 1,88 mm
Schreibweise:	$H_{5/750/10}$ 260
Bemerkung:	Die Prüfbelastung und der Kugeldurchmesser richtet sich nach der Abmessung des Rohres. Für die Härteprüfung dünnwandiger Rohre aus Stahl ist auf S. 139 eine Tabelle aufgestellt.

PRÜFBEISPIEL 26

Prüfling:	Sechskantschraube, Spezialmaterial vergütet
Prüfbedingungen:	$H_{5/750/5}$ 280—305
Maschinentype:	„BRIVISKOP 3000"
Sondereinrichtung:	Hilfsauflage zur Unterstützung am zylindrischen Teil erforderlich. Mengenprüfung mit Toleranzstrichplatte
Prüfergebnis:	Eindruckdurchmesser liegt außerhalb der Toleranzstriche
Schreibweise:	$H_{5/3000/10}$ Ausschuß
Bemerkung:	Prüfung ohne Einspannung. Von dem normalen Prüfkopf werden die Einspannfedern entfernt. Eindruck liegt außerhalb der Toleranzstriche. Er ist daher zu weich und entspricht den Prüfbedingungen nicht.

Abb. 27   Abb. 28

PRÜFBEISPIEL 27

Prüfling:	Schräger Stahlabschnitt
Prüfbedingungen:	$H_{10/3000/10}$ 200—220
Maschinentype:	,,BRIVISKOP 3000"
Sondereinrichtung:	Vorrichtung mit Kugelgelenk
Prüfergebnis:	Eindruckdurchmesser 4,16
Schreibweise:	$H_{10/3000/10}$ 211
Bemerkung:	Schräge Stahlabschnitte werden zweckmäßig auf der Vorrichtung mit Kugelgelenk geprüft. Die Vorrichtung paßt sich der Schräge des Werkstückes an.

PRÜFBEISPIEL 28

Prüfling:	Geschoß, Spezialmaterial vergütet
Prüfbedingungen:	Spezialbedingungen
Maschinentype:	,,BRIVISOR 3000"
Sondereinrichtung:	Auflageprismen
Prüfergebnis:	—
Schreibweise:	—
Bemerkung:	Bei der Mengenprüfung von Geschossen ist die Toleranzprüfung auf ,,Gut" und ,,Ausschuß" von großem Wert.

44

Abb. 29Abb. 30

PRÜFBEISPIEL 29

Prüfling:	Kolben, Speziallegierung Aluminium
Prüfbedingungen:	$H_{10/1000/15}$ 130—150
Maschinentype:	,,BRIVISOR 3000''
Sondereinrichtung:	Prüftisch 240 mm Durchmesser
Prüfergebnis:	Eindruckdurchmesser 2,84 mm
Schreibweise:	$H_{10/1000/15}$ 155 (zu hart)
Bemerkung:	Kolben werden vielfach auch der Prüfbedingung $H_{5/250}$ unterworfen. Diese Prüfung ist ebenfalls im ,,BRIVISOR 3000'' ausführbar.

PRÜFBEISPIEL 30

Prüfling:	Lenker, Stahl 70.11
Prüfbedingungen:	$H_{10/3000/10}$ 180—200
Maschinentype:	,,BRIVISOR 3000''
Sondereinrichtung:	Großer Prüftisch 240 mm Durchmesser, Hilfsgesenk aus Beton
Prüfergebnis:	Eindruckdurchmesser 4,37
Schreibweise:	$H_{10/3000/10} = 190$ oder $\sigma_b = 68,4$
Bemerkung:	Aus dem Prüfbeispiel ist zu entnehmen, daß schwierige Werkstücksformen zweckmäßig mit einem Hilfsgesenk geprüft werden. Das abgebildete Hilfsgesenk ist aus Beton gefertigt und in einem Blechbehälter gelagert. Die Härteprüfung mit sogenannten Hilfsgesenken kann außerordentlich zweckmäßig sein und große Zeitersparnis bringen.

Abb. 31 Abb. 32

Abb. 31

Abb. 32

PRÜFBEISPIEL 31

Prüfling:	Aluminiumblech 0,3 mm
Prüfbedingungen:	$H_{0,625\ 1,950/30}$ 40—45
Maschinentype:	„BRIVISKOP 187,5"
Sondereinrichtung:	—
Prüfergebnis:	Eindruckdurchmesser 0,238 mm
Schreibweise:	$H_{0,625\ 1,953/30}$ 42
Bemerkung:	Aus der Tabelle „Mindeststärken der Werkstoffproben bei der Brinellprüfung", die im Anhang aufgeführt ist, werden der Kugeldurchmesser und die Prüfbelastung für ein Aluminiumblech von 0,3 mm Stärke bei einer voraussichtlichen Brinellhärte von 40—45 ermittelt.

PRÜFBEISPIEL 32

Prüfling:	Hülse, Messing
Prüfbedingungen:	Spezialbedingungen
Maschinentype:	„BRIVISKOP 187,5"
Sondereinrichtung:	Vorrichtung zum Prüfen der Hülsen über die ganze Länge. Verschieben des Oberschlittens der Vorrichtung durch Zahnstangen und Ritzel
Prüfergebnis:	—
Schreibweise:	—
Bemerkung:	Für die Prüfung von Hülsen sind Spezialbedingungen festgelegt.

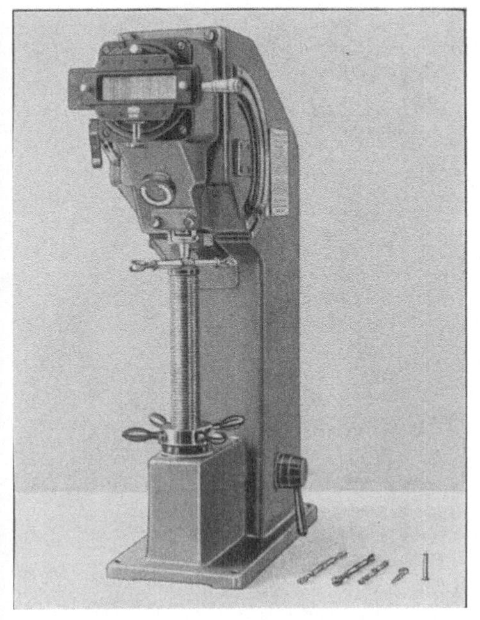

Abb. 33

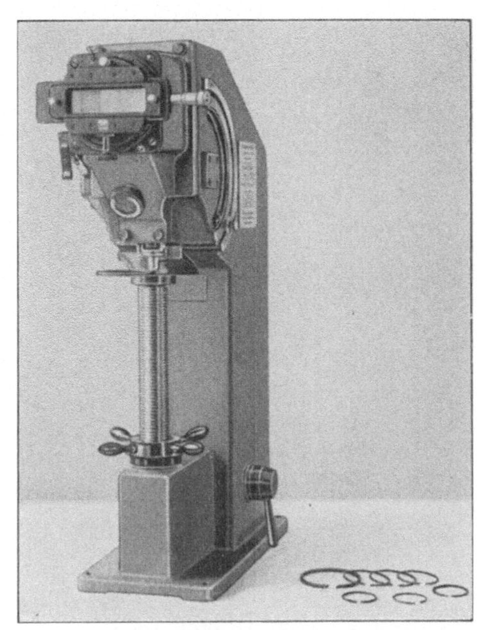

Abb. 34

PRÜFBEISPIEL 33

Prüfling:	Flugzeugteil, Duralumin
Prüfbedingungen:	$H_{5/250/30}$ 110—120
Maschinentype:	„BRIVISKOP 250"
Sondereinrichtung:	—
Prüfergebnis:	Eindruckdurchmesser 1,18 mm
Schreibweise:	$H_{5/250/30}$ 113
Bemerkung:	—

PRÜFBEISPIEL 34

Prüfling:	Kolbenring, Spezialguß
Prüfbedingungen:	$H_{1,25/46,9/10}$ 260—280
Maschinentype:	„BRIVISKOP 187,5"
Sondereinrichtung:	Bei Mengenprüfung Spezialauflage
Prüfergebnis:	Eindruckdurchmesser 0,46 mm
Schreibweise:	$H_{1,25/46,9/10}$ 272
Bemerkung:	Bei der Prüfung von Massenartikeln, wie Kolbenringen, wird zweckmäßig die Toleranzstrichplatte angewandt.

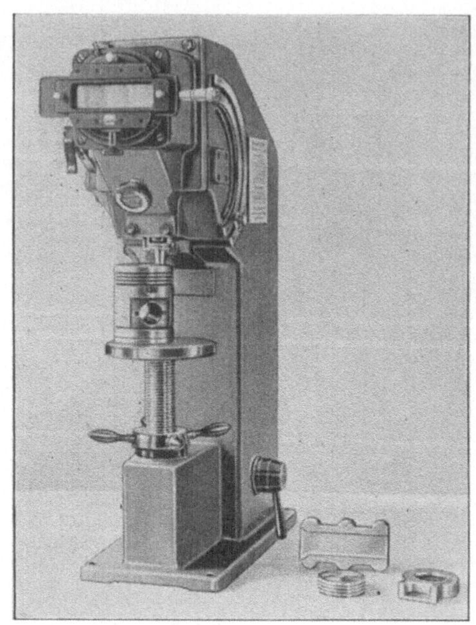

Abb. 35 Abb. 36

PRÜFBEISPIEL 35

Prüfling:	Duraluminrohr, 30 mm Durchmesser, Wandstärke 0,4 mm
Prüfbedingungen:	$H_{0,625/3,91/30}$ 100—115
Maschinentype:	„BRIVISKOP 187,5"
Sondereinrichtung:	—
Prüfergebnis:	Eindruckdurchmesser 0,210 mm
Schreibweise:	$H_{0,625/3,91/30}$ 110
Bemerkung:	Die Prüfbelastung und der Kugeldurchmesser richten sich nach der Abmessung des Rohres. Für die Härteprüfung dünnwandiger Rohre ist auf S. 138 eine Tabelle aufgestellt.

PRÜFBEISPIEL 36

Prüfling:	Kolben, Speziallegierung Aluminium
Prüfbedingungen:	$H_{5/250/15}$ 120—140
Maschinentype:	„BRIVISKOP 250"
Sondereinrichtung:	Prüftisch 240 mm Durchmesser, Toleranzprüfung
Prüfergebnis:	Eindruckdurchmesser liegt in der Toleranz
Schreibweise:	$H_{5/250/15}$ 120—140 Gut
Bemerkung:	Kolben fallen im allgemeinen in großen Mengen an, die Toleranzprüfung auf „Gut" und „Ausschuß" ist hier sehr vorteilhaft.

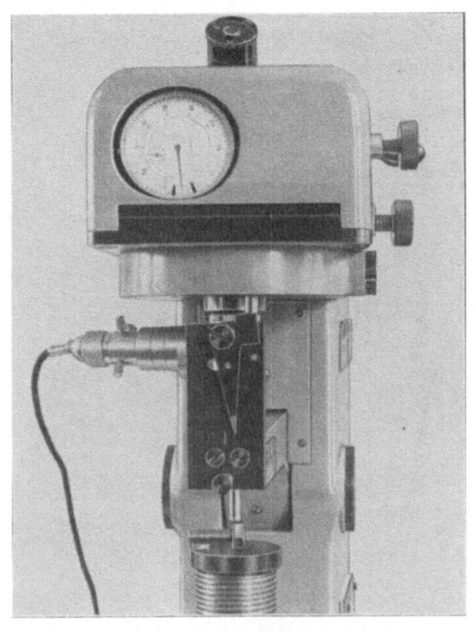

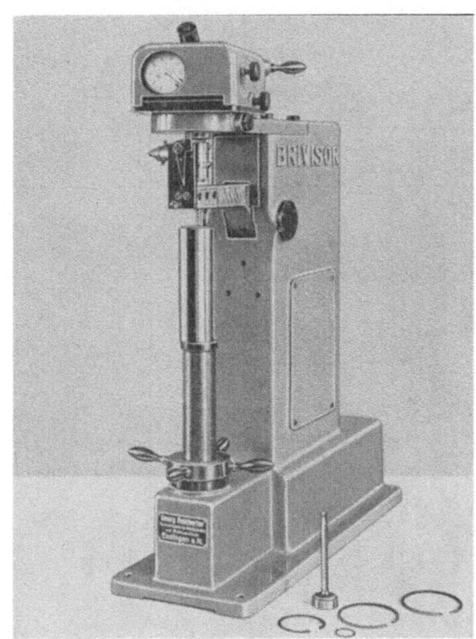

Abb. 37   Abb. 38

PRÜFBEISPIEL 37

Prüfling:	Schraube, Spezialmaterial vergütet
Prüfbedingungen:	$H_{2,5/187,5/2}$ 270—290
Maschinentype:	„BRIVISOR 250"
Sondereinrichtung:	Hilfsauflage zur Unterstützung am zylindrischen Teil erforderlich. Mengenprüfung mit Toleranzstrichplatte
Prüfergebnis:	Eindruckdurchmesser liegt in den Toleranzstrichen
Schreibweise:	$H_{2,5/187,5/2}$ 270—290 Gut
Bemerkung:	Eindruck liegt innerhalb der Toleranzstriche, die Schraube entspricht deshalb den Prüfbedingungen und ist als „Gut" zu bezeichnen.

PRÜFBEISPIEL 38

Prüfling:	Ventilkegel, Spezialmaterial vergütet
Prüfbedingungen:	$H_{2,5/187,5/5}$ 290—310
Maschinentype:	„BRIVISOR 250"
Sondereinrichtung:	Hilfsauflage für den Ventilkegel, Toleranzprüfung
Prüfergebnis:	Eindruckdurchmesser liegt außerhalb der Toleranzstriche
Schreibweise:	$H_{2,5/187.5/5}$ Ausschuß
Bemerkung:	Der Eindruck liegt außerhalb der Toleranzstriche. Der Ventilkegel ist daher zu weich und entspricht den Prüfbedingungen nicht. Er ist mit „Ausschuß" zu bezeichnen.

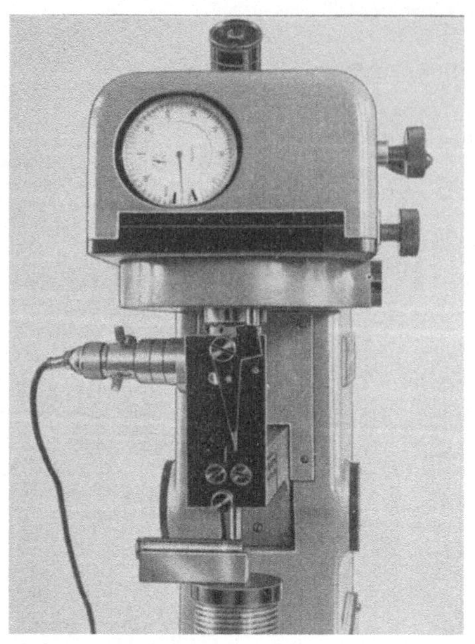

Abb. 39

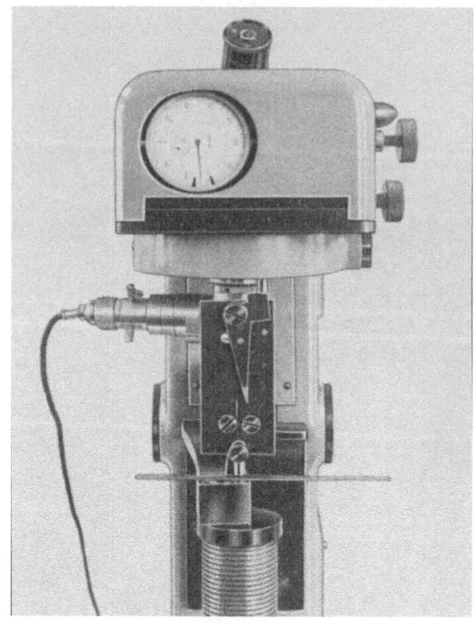

Abb. 40

PRÜFBEISPIEL 39

Prüfling:	Hülse, Messing
Prüfbedingungen:	$H_{0,625/3,91/10}$ 70—75
Maschinentype:	„BRIVISOR 62,5"
Sondereinrichtung:	Hilfsauflage für die Hülse
Prüfergebnis:	Eindruckdurchmesser 0,255
Schreibweise:	$H_{0,625/3,91/10}$ 73,2
Bemerkung:	Für die Abnahmeprüfung, bei der nur eine Stelle der Hülse geprüft wird, ist der „BRIVISOR" als Einzweckmaschine außerordentlich praktisch. Die Anwendung der Toleranzstrichplatte ist sehr zu empfehlen.

PRÜFBEISPIEL 40

Prüfling:	Messingblech 0,3 mm
Prüfbedingungen:	$H_{0,625/3,91/30}$ 65—70
Maschinentype:	„BRIVISOR 62,5"
Sondereinrichtung:	Einspannfeder
Prüfergebnis:	Eindruckdurchmesser 0,275 mm
Schreibweise:	$H_{0,625/3,91/30}$ 62,4 (zu weich)
Bemerkung:	Aus der Tabelle „Mindeststärken der Werkstoffproben bei der Brinellprüfung", die im Anhang aufgeführt ist, werden der Kugeldurchmesser und die Prüfbelastung für ein Messingblech von 0,3 mm Stärke bei einer voraussichtlichen Brinellhärte von 65—70 ermittelt.

Zum Anschleifen von Prüfstellen für die Brinellprüfung an Stangen, Zylindern usw. ist der Schleifapparat „MOMENT" entwickelt worden. Der Schleifapparat „MOMENT" ist so konstruiert, daß der Anschliff durch entsprechende Einstellung auf Mitte Prüfling kommt. Nach Erreichung einer bestimmten Tiefe, die ebenfalls einstellbar ist, schleift sich die Schleifscheibe frei. Der Schleifapparat „MOMENT" wird im allgemeinen mit einer Schleifscheibenbreite von 15 mm und einer größten Anschleiftiefe von 2 mm geliefert. Der „MOMENT" wird mittels eines Elektromotors von 0,7 PS und biegsamer Welle angetrieben. Infolge der außerordentlich zweckmäßigen Konstruktion dieses Schleifgerätes und seines geringen Gewichtes von nur 3,5 kg ist es jedem, der es zum erstenmal in die Hand nimmt, ohne weiteres möglich, an einer frei daliegenden Stahlstange in wenigen Sekunden einen sauberen Anschliff zu erzeugen.

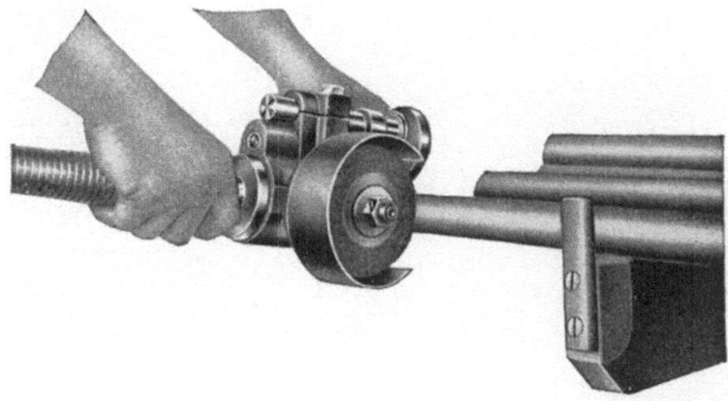

Abb. 41. Anschleifen der Prüflinge mit dem Schleifapparat „MOMENT"

GRUPPE II.   Härteprüfung mit Vorlast

Für die Härteprüfung mit Vorlast, früher allgemein Rockwellprüfung genannt, ist im Februar 1933 die DIN-Vornorm DVM, Prüfverfahren A 103, erschienen. Diese Vornorm kann als Grundlage für die Härteprüfung mit Vorlast dienen, sie ist daher nachstehend wiedergegeben.

Bei der Vorlasthärteprüfung wird zur Kennzeichnung der Härte ermittelt, um wieviel der Prüfkörper bei Steigerung der Belastung von einer bestimmten Vorlast auf eine bestimmte Gesamtlast und anschließender Entlastung auf Vorlast in den zu prüfenden Teil eindringt. Die Tiefe der Eindringung des Prüfkörpers wird gemessen und ergibt, von der Zahl 100, 130 oder 500 abgezogen, die Vorlasthärte. Die Prüfkörper bei der Vorlasthärteprüfung sind Kugeln, Kegeldiamant mit 120° Spitzenwinkel und der Pyramiddiamant von 136°. Im Laufe der Zeit haben sich für die Verwendung bei der Vorlasthärteprüfung 3 Untergruppen herausgebildet:

1. Vorlast 10 kg und entsprechende Hauptlasten.

2. Vorlast 250 kg und entsprechende Hauptlasten.

3. Vorlast 3 kg und entsprechende Hauptlasten.

Bei der Untergruppe 1 wird die Vergrößerung der Eindringtiefe des Prüfkörpers bei Steigerung der Belastung von 10 kg Vorlast auf Hauptlast und anschließender Entlastung auf 10 kg in 0,002 mm gemessen und ergibt von der Zahl 100 bzw. 130 abgezogen, die Vorlasthärte.

Bei der Untergruppe 2 wird die Vergrößerung der Eindringtiefe des Prüfkörpers bei Steigerung der Belastung von 250 kg Vorlast auf Hauptlast und anschließender Entlastung auf 250 kg in 0,002 mm gemessen und ergibt, von der Zahl 500 abgezogen, die Vorlasthärte.

DIN A 103 Vornorm   **Härteprüfung mit Vorlast**

Vorbemerkung:

Die DVM-Prüfverfahren sollen eine Normung vorbereiten.

Gebeten wird, nach diesen Prüfverfahren zu arbeiten, dabei gemachte Erfahrungen, entgegenstehende Bedenken und Gründe für Benutzung abweichender Verfahren der Geschäftstelle: Deutscher Verband für die Materialprüfungen der Technik, Berlin NW 7, Dorotheenstr. 40, mitzuteilen.

Begriffsbestimmung

1. Durch die Härteprüfung mit Vorlast wird die Härte (Vorlasthärte H_v) eines Werkstoffes aus dem Unterschied der Eindringtiefen eines Prüfkörpers großer Härte in Form einer Stahlkugel oder eines Diamantkegels bei einer bestimmten Vorlast und nach einer bestimmten Prüflast ermittelt.

Anwendungsbereich

2. Das Verfahren ist für fast alle Werkstoffe anwendbar. Es zeichnet sich durch nur unwesentliche Beschädigung selbst kleinster Prüfstücke aus. Im allgemeinen werden Kugeldurchmesser und Belastungen nach DIN 1605 gewählt. Harte Werkstoffe (Brinellhärte etwa 300 kg/mm² und mehr) werden mit dem Diamantkegel geprüft.

Proben

3. Die Probendicke muß insofern bei der Wahl der Belastung (siehe Abschnitt 16) berücksichtigt werden, als dünne Proben nach der Belastung auf der Unterseite keine Druckstelle zeigen dürfen. Bei Teilen mit geringer Dicke, gekrümmter oder besonders behandelter Oberfläche können gleichartige Stücke zwar untereinander durch Härteprüfung mit Vorlast verglichen werden; die ermittelten Zahlenwerte sind dann jedoch nicht ohne weiteres als Kennziffern des Werkstoffes zu werten.

4. Die Prüfstelle der Probe muß geschlichtet sein. Vergleichbare Werte sind nur bei gleichartiger Oberfläche der Prüfstelle zu erhalten.

5. Bei Krümmungshalbmessern der Oberfläche unter 5 mm ist an der Prüfstelle (Vickersprüfung) eine genügend große ebene Fläche anzuarbeiten.

6. Die Prüffläche muß senkrecht zur Druckrichtung des Prüfkörpers liegen.

7. Die Probe darf nicht hohl liegen. Von dieser Bedingung kann abgesehen werden, wenn das Werkstück so dick ist, daß eine störende Durchbiegung nicht zu erwarten ist.

8. Die Unterlage muß der Probe angepaßt und eben und metallisch sauber sein.

Prüfvorrichtung

9. Der Eindruck muß durch stoß- und schwingungsfreie Belastung erzeugt werden.

10. Die Unterlage der Probe darf nicht nachgeben, soll hart, plangeschliffen und poliert sein und ist sauber zu halten.

11. Die Stahlkugel hat 2,5 mm Durchmesser.

12. Der Diamant muß Kegelform mit 120° Spitzenwinkel haben und an der Spitze am ganzen Umfang tangential in die Abrundung von 0,2 mm Halbmesser einlaufen. Die Form soll optisch nachgeprüft sein.

13. Diamant und Kugel sind vor Stoß oder Schlag zu schützen. Auf einwandfreie Oberflächenbeschaffenheit von Kugel und Diamant ist dauernd zu achten. Am besten

ist mikroskopische Beobachtung bei mittlerer Vergrößerung. Zeigen sich hierbei Anflachungen bzw. Auskolkungen, so ist die Kugel zu ersetzen bzw. der Diamant nachzuschleifen.

14. Diamant- und Kugelhalter sind mit einem zylindrischen Schaft vom Durchmesser $6,35 - 0,01$ mm zu versehen, der in eine Bohrung von $6,35 + 0,015$ 0 mm Tiefe im Druckstempel eingesetzt wird.

15. Das Meßgerät muß die Eindringtiefe als Weg des Druckstempels auf 0,001 mm genau anzeigen, wobei ein Teilstrich der 100teiligen Skala einer Eindringtiefe von 0,002 mm entspricht. Einteilung und Lage der Skala entsprechen der C-Skala des amerikanischen Rockwellhärteprüfers.

16. Die Vorlast beträgt stets 10 kg. Die Prüflast, in der die Vorlast stets eingerechnet ist, soll so gewählt werden, daß die Härtezahlen zwischen 20 und 80 liegen. Sie ist bei Anwendung der Stahlkugel im Regelfalle 187,5 kg und kann bei Prüfung weicherer Werkstoffe auch 62,5 und 31,2 kg betragen. (Laststufen nach DIN 1605 für die Härteprüfung nach Brinell.) Die Prüflast bei Anwendung des Diamanten beträgt 150 kg.

17. Das Gerät ist mit geeichten Prüfstücken bestimmter Härte von Zeit zu Zeit, in jedem Fall nach dem Auswechseln und Erneuern des Prüfkörpers, nachzuprüfen. Die Prüfstücke dürfen nur einseitig benutzt werden.

Ausführung der Prüfung

18. Vor jeder Benutzung des Gerätes sind an einem Abfallstück einige Vorversuche zu machen.

19. Nach Aufbringen der Vorlast ist der Nullpunkt der Skala auf den etwa senkrecht stehenden Zeiger einzustellen. Bei mehr als $+ 5^{\circ}$ Abweichung des Zeigers gegen die Senkrechte ist die Höhenlage der Prüfspitze neu einzustellen und der Versuch an einer anderen Stelle vollständig zu wiederholen.

20. Die Zusatzlast muß in etwa 10 Sekunden gleichmäßig steigend aufgebracht werden und so lange einwirken, bis der Zeiger des Meßgerätes praktisch zur Ruhe gekommen ist.

21. Nach Wegnahme der Zusatzlast wird die Vorlasthärte unmittelbar an der Anzeigevorrichtung (Härteskala) abgelesen.

22. Wird bei der Prüfung mit Kugel die Vorlasthärte größer als 80, so ist auf die nächst höhere Belastung überzugehen oder der Diamant mit 150 kg Prüflast zu benutzen.

Prüfergebnis

23. Das Prüfergebnis wird in ganzen Zahlen angegeben.

24. Die ermittelte Vorlasthärte wird bei Prüfung mit der Kugel mit H_v unter Beifügung des Belastungswertes und bei Verwendung des Diamanten durch H_{vD} gekennzeichnet. Beispiele: H_v 62,5 = 56 H_{vD} = 82. Vergleichbar sind nur Härtewerte, die mit gleicher Belastung gefunden sind.

Bei der Untergruppe 3 wird die Vergrößerung der Eindringtiefe des Prüfkörpers bei Steigerung der Belastung von 3 kg Vorlast auf Hauptlast und anschließender Entlastung auf 3 kg in 0,001 mm gemessen und ergibt, von der Zahl 100 abgezogen, die Vorlasthärte.

Durch Aufstellung von Kurven wurde der Zusammenhang zwischen Vorlasthärte und Brinellhärte bei den entsprechenden Prüfkörpern, Belastungen und Werkstoffen ermittelt. Die Aufstellung dieser Kurven stellt eine Erschwerung der Vorlasthärteprüfung dar, und so ist in neuerer Zeit mit Recht die Tatsache festzustellen, daß die Vorlasthärteprüfung, insbesondere was die Maschinen der Untergruppe 2 und 3 (Vorlast 250 und 3 kg) anbetrifft, an Boden verliert.

Dagegen hat die Vorlasthärteprüfung mit 10 kg Vorlast und den Hauptlasten 62,5—250 kg (Untergruppe 1) nach wie vor ihre volle Berechtigung. Eine in der DIN-Vornorm A 103 **noch nicht aufgenommene Verbesserung** der Vorlasthärteprüfung stellt die Originaleinspannung REICHERTER, Deutsches Reichspatent, dar. Die Vorteile der Originaleinspannung REICHERTER sind außerordentlich groß, und die DIN-Vornorm ist daher **in manchen Punkten** durch die Erfindung der Originaleinspannung REICHERTER **überholt.**

Für die Entwicklung der Vorlasthärteprüfung und deren praktischen Anwendung im Betrieb ist die Originaleinspannung REICHERTER, Deutsches Reichspatent, eine wichtige Erfindung. Da bei der Vorlasthärteprüfung die Eindringtiefe zwischen Vorlast und Hauptlast und anschließender Entlastung gemessen wird, ist es natürlich, daß diese Messung mit absoluter Genauigkeit durchgeführt werden muß. Die Tiefenmessung muß, wenn sie zu brauchbaren Resultaten führen soll, eine Feinmessung sein, bei der der allerhöchste Grad von Genauigkeit anzustreben ist. Insbesondere ist zu vermeiden, daß der Prüfling während des Prüfvorganges seine Lage auch nur im geringsten verändert, weil jede derartige Lageveränderung einen Fehler im Prüfresultat bedeutet. Wie oben angegeben, müssen bei der Vorlasthärteprüfung Tiefenunterschiede von $^1/_{1000}$ mm erfaßt werden. Schon das Mitmessen einer dünnen Öl- oder Schmutzschicht an der Auflage muß also zu unzulässigen Fehlern führen. Bei kleinen Stücken mit planparallel, sauber bearbeiteten und sauber gereinigten Begrenzungsflächen ist die Forderung der sicheren Auflage leicht zu erfüllen. Ein solches Stück liegt auf einer glatten, sauberen Unterlage aus Stahl sicher. Schwieriger aber ist es, Stücke mit unregelmäßigen Begrenzungsflächen oder auch sperrige und weit ausladende Stücke auf einer Unterlage so abzustützen, daß sie auch beim Vorgang des Belastens und Entlastens vollkommen ruhig liegenbleiben.

Das unbedingte Stilliegen des Prüflings in der Prüfmaschine glaubte man zunächst dadurch erreichen zu können, daß man für saubere Auflageflächen sorgte. Bei manchen Werkstücken wurde dadurch auch eine genügende Stetigkeit der Versuchswerte erreicht. Nachteilig war dabei aber immer noch, daß man gezwungen war, der Auflagefläche besondere Aufmerksamkeit zu schenken, was zum mindesten einen Zeitverlust bedeutete. Bei sperrigen Stücken suchte man das vollkommen sichere Stilliegen des Prüflings dadurch zu erreichen, daß man besondere Stützvorrichtungen anwandte. Diese Stützvorrichtungen nahmen bisweilen eine Gestalt an, die alles andere war als meßtechnisch einwandfrei. Man wird ohne Übertreibung sagen können, daß komplizierte Stützvorrichtungen immer zu Fehlresultaten führen müssen, es sei denn, sie werden in Verbindung mit der Originaleinspannung angewandt, die im folgenden Absatz be-

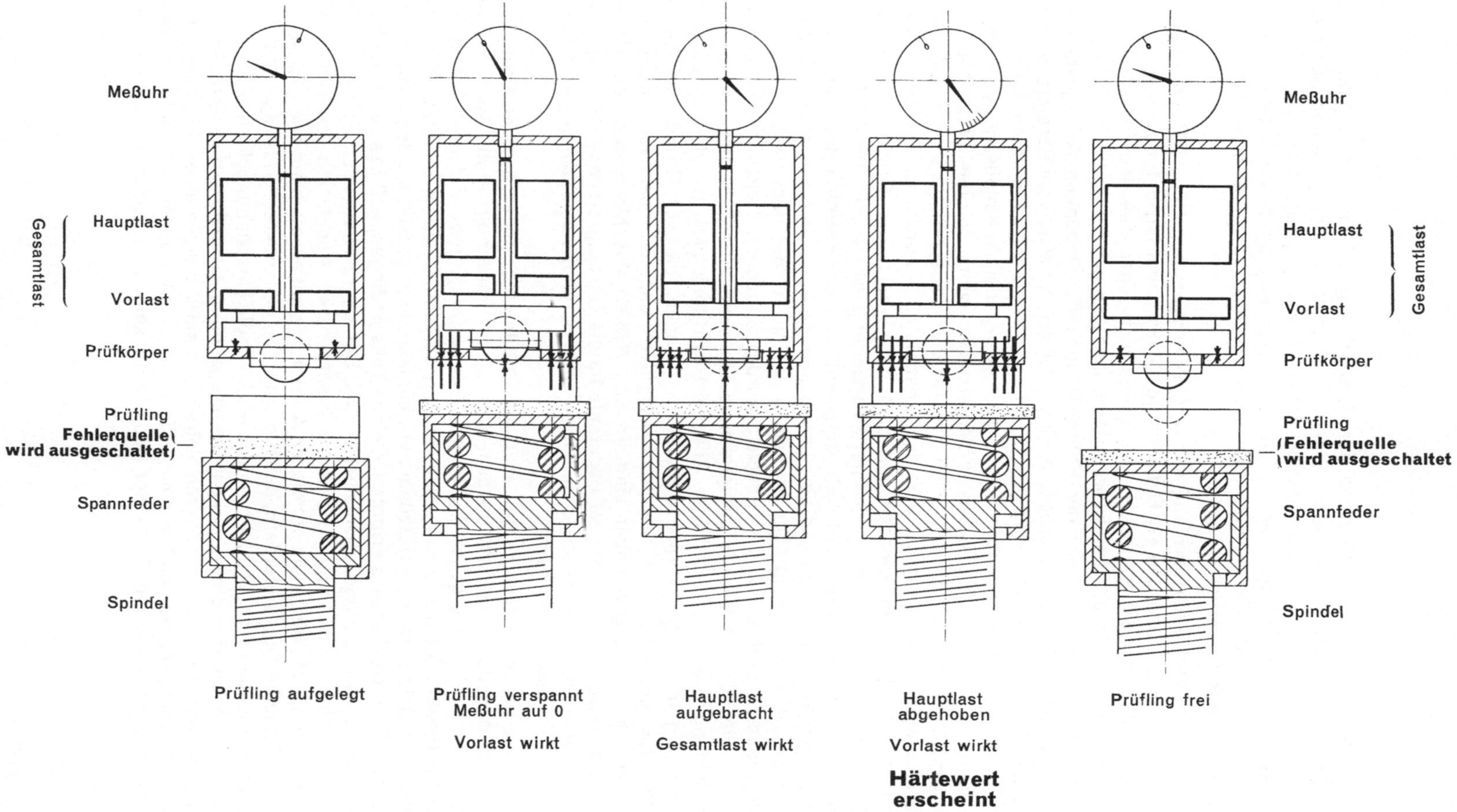

Meßuhr
Hauptlast
Vorlast
Gesamtlast
Prüfkörper
Prüfling
Fehlerquelle wird ausgeschaltet
Spannfeder
Spindel
Prüfling aufgelegt
Prüfling verspannt
Meßuhr auf 0
Vorlast wirkt
Hauptlast
aufgebracht
Gesamtlast wirkt
Hauptlast
abgehoben
Vorlast wirkt
Härtewert
erscheint
Prüfling frei
Meßuhr
Hauptlast
Vorlast
Gesamtlast
Prüfkörper
Prüfling
Fehlerquelle wird ausgeschaltet
Spannfeder
Spindel

Abb. 42

schrieben ist. Durch diese Erfindung der Härteprüfung mit Einspannung wurde das Anwendungsgebiet der Vorlasthärteprüfung, das infolge der angedeuteten Schwierigkeiten bei der Lagerung der Prüflinge in der Prüfmaschine sehr beschränkt war, in außerordentlichem Maße erweitert. In den mit Einspannung ausgerüsteten BRIRO-Maschinen können die allermeisten der in der Technik vorkommenden Werkstücke absolut einwandfrei geprüft werden.

Das Wesen der Vorlasthärteprüfung mit Originaleinspannung REICHERTER zeigt die schematische Darstellung Bild 42. Der Grundgedanke dabei ist, dafür zu sorgen, daß der Prüfling während des ganzen Prüfvorgangs fest gegen das den Prüfkörper umgebende obere Widerlager gepreßt wird. Wird diese Forderung erfüllt, so ist es vollkommen belanglos, was auf der der Prüfstelle gegenüberliegenden Auflagestelle vor sich geht, ob hier Spänchen zerdrückt werden oder ob hier etwa vom Härteprozeß noch anhaftendes Öl weggequetscht wird usw. Bei diesem Verfahren kann der Prüfling an der der Prüfstelle gegenüberliegenden Fläche, kurz gesagt der Auflagefläche, vollkommen verschmutzt sein, ohne daß dies das Prüfergebnis im mindesten beeinflußt. Man kann in den BRIRO-Maschinen, die mit Originaleinspannung ausgerüstet sind, den Prüfling zum Prüfen auf Putzwolle legen, ohne das Ergebnis auch nur im mindesten zu beeinflussen. Am treffendsten kennzeichnet man das Wesen der Originaleinspannung REICHERTER, wenn man sagt, in den mit Einspannung arbeitenden BRIRO-Maschinen wird der Prüfling überhaupt nicht mehr aufgelegt, sondern während des ganzen Prüfvorganges gegen das den Prüfkörper umgebende obere Widerlager gehalten. Durch dieses bewußte Ausschalten alles dessen, was sich auf der dem Prüfkörper gegenüberliegenden Seite des Prüflings abspielt, wurde es möglich, Haltevorrichtungen anzuwenden, die mit den Rockwellprüfern ohne Einspannvorrichtung unvereinbar sind. Die Abbildungen auf S. 82 u. ff. im Abschnitt „Prüfbeispiele für die Vorlasthärteprüfung" zeigen Beispiele solcher Haltevorrichtungen, die auf Grund der Gestalt des Prüflings unerläßlich, in den Rockwellprüfern ohne Einspannvorrichtung aber schlechterdings nicht anwendbar sind. In den BRIRO-Maschinen dagegen können sie ohne irgendwelche Vorsicht oder Besorgnis für die Genauigkeit des Prüfergebnisses angewandt werden. Ja, in den meisten Fällen wurde durch die Einspannung eine Stützvorrichtung überhaupt überflüssig.

Während des ganzen Prüfvorganges muß der Prüfling fest gegen das den Prüfkörper umgebende Widerlager gepreßt werden. Aus dieser Forderung ergibt sich, daß die **Kraft,** mit der der Prüfling gegen das **obere Widerlager** gepreßt wird, **größer** sein muß als der **Prüfdruck.** Sie darf aber auch nicht zu groß sein. Es gibt unzählige Werkstücke, die zwar sehr klein sind, aber trotzdem nur „eingespannt" geprüft werden können, weil die Eigenart ihrer Gestalt dies erfordert. Solche Teile bedingen, daß das den Prüfkörper umgebende obere Widerlager ebenfalls klein sei. Das obere Widerlager, mit dem solche Stücke zu prüfen sind, endigt in einem röhrenförmigen Ansatz mit verhältnismäßig dünner Wandung. Mit Rücksicht auf diesen Ansatz sowohl als auch auf das zu prüfende Werkstück ist unbedingt zu fordern, daß die zwischen dem oberen Widerlager und dem Prüfling auftretende Pressung nicht zu groß wird. Für die Einspannungskraft ist also nach unten als auch nach oben eine natürliche Grenze gegeben. Deshalb darf es **unter keinen Umständen** dem Prüfenden überlassen bleiben, wie stark er einspannen will; eine richtig ausgebildete Einspannung muß vielmehr die Gewähr dafür bieten, daß mit einer Kraft eingespannt wird, auf deren Größe der Bedienende keinen wesentlichen Einfluß hat.

Bei den Härteprüfern „BRIRO" ist die Spannfeder nach
Abb. 43 in die Prüfspindel eingebaut. Da die Berührung zwischen Meßanschlag und Prüfling während des
ganzen Prüfvorganges dauernd aufrechterhalten werden
muß, also auch dann nicht unterbrochen werden darf,
wenn der Prüfkörper mit dem vollen Prüfdruck auf dem
Prüfling lastet, muß die Kraft der in die Prüfspindel eingebauten Feder selbstverständlich größer sein als der
Prüfdruck. Diese Forderung und die andere, daß nämlich
die Kraft der Feder mit Rücksicht auf Schonung der Prüflinge, wie auch mit Rücksicht auf leichte Bedienung der
Maschine durch den Prüfenden nicht zu groß sein darf,
bestimmen die Kraftäußerung der Einspannfeder. Sie
beträgt z. B. beim „BRIRO UV" für 187,5 kg Höchstlast
320 kg. Bei der Härteprüfmaschine „BRF", die mit 3000 kg
Prüfdruck arbeitet, beträgt die Kraft der Einspannfeder
3800 kg. Selbstverständlich kann die Kraft der Einspannfeder von Fall zu Fall verschieden gewählt werden.
Das Verfahren der Härteprüfung mit Einspannung be-
ruht nach vorstehendem auf folgenden 2 Hauptgrund-
sätzen. Erstens: Der Prüfling muß gleich zu Beginn der
Prüfung in der Prüfmaschine mit einer Kraft, die größer
ist als der Prüfdruck, fest eingespannt werden. Zweitens:
Möglichst wenig Teile der Prüfmaschine dürfen auf die
Tiefenmessung irgendwie Einfluß nehmen, und möglichst viele Teile der Prüfmaschine müssen von der
Tiefenmessung ganz ausgeschaltet sein. Abb. 44 zeigt
schematisch, wie viele Teile und Berührungsflächen,
d. h. Fehlerquellen bei der alten Ausführungsart der
Vorlasthärteprüfung zwischen Prüfkörper und Meßuhr-
fühlstift eingeschaltet waren. Abb. 45 zeigt schematisch,

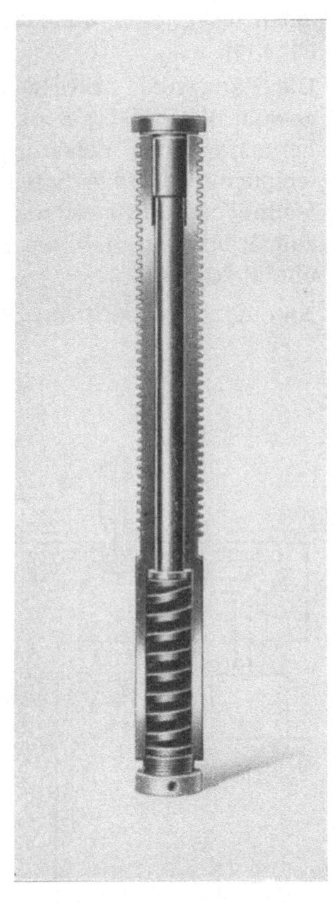

Abb. 43

wie wenig Teile bei der neuen Ausführungsart der Vorlasthärteprüfung an der Tiefenmessung noch beteiligt sind. Insbesondere zeigt Abb. 45, daß alle Vorgänge, die sich
während der Prüfung auf der dem Prüfkörper gegenüberliegenden Seite des Prüflings
abspielen, auf das Ergebnis der Tiefenmessung keinen Einfluß haben können.
Aus dem Verfahren, den Prüfling beim Prüfen gegen das den Prüfkörper umgebende
Widerlager zu pressen, ergab sich die Möglichkeit, den Prüfkörper mit einer federnd
gelagerten Pufferbüchse zu umgeben. Diese Büchse überragt den Prüfkörper etwas
und bildet so für den letzteren einen Schutz gegen unliebsame Stöße, was bei Verwendung von Diamanten von größter Wichtigkeit ist. Gleichzeitig mit dem Verspannen
des Prüflings wird die Pufferbüchse zurückgeschoben, während sie beim Herausnehmen
des Prüflings aus der Maschine von selbst wieder schützend vor den Prüfkörper tritt.
Eine besondere Stellung unter den Vorlasthärteprüfern (Rockwellprüfern) nehmen die

Härteprüfer „BRIRO IN" und „BRIRO INV"

ein. Diese Härteprüfer besitzen die Originaleinspannung REICHERTER, Deutsches
Reichspatent, nicht. Die Fehlerquelle der Auflage wird bei diesen Härteprüfern durch

einen besonders ausgebildeten Belastungshebel, Deutsches Reichspatent, ausgeschaltet.

Die Härteprüfer „BRIRO IN" und „BRIRO INV" sind dadurch gekennzeichnet, daß sowohl die Prüfkörper als auch die Meßuhr starr mit dem aus dem Maschinengestell herausragenden Belastungshebel verbunden sind und daß an der Tiefenmessung lediglich zwei Teile beteiligt sind, erstens eine den Prüfkörperhalter umschließende Meßbüchse und zweitens ein Meßhebel, der die Bewegungen der Meßbüchse relativ zum Prüfkörper, d. h. die Eindringungen des Prüfkörpers in den Prüfling auf die Meßuhr überträgt.

Abb. 46 zeigt das Prüfverfahren in den Härteprüfern „BRIRO IN" und „BRIRO INV".

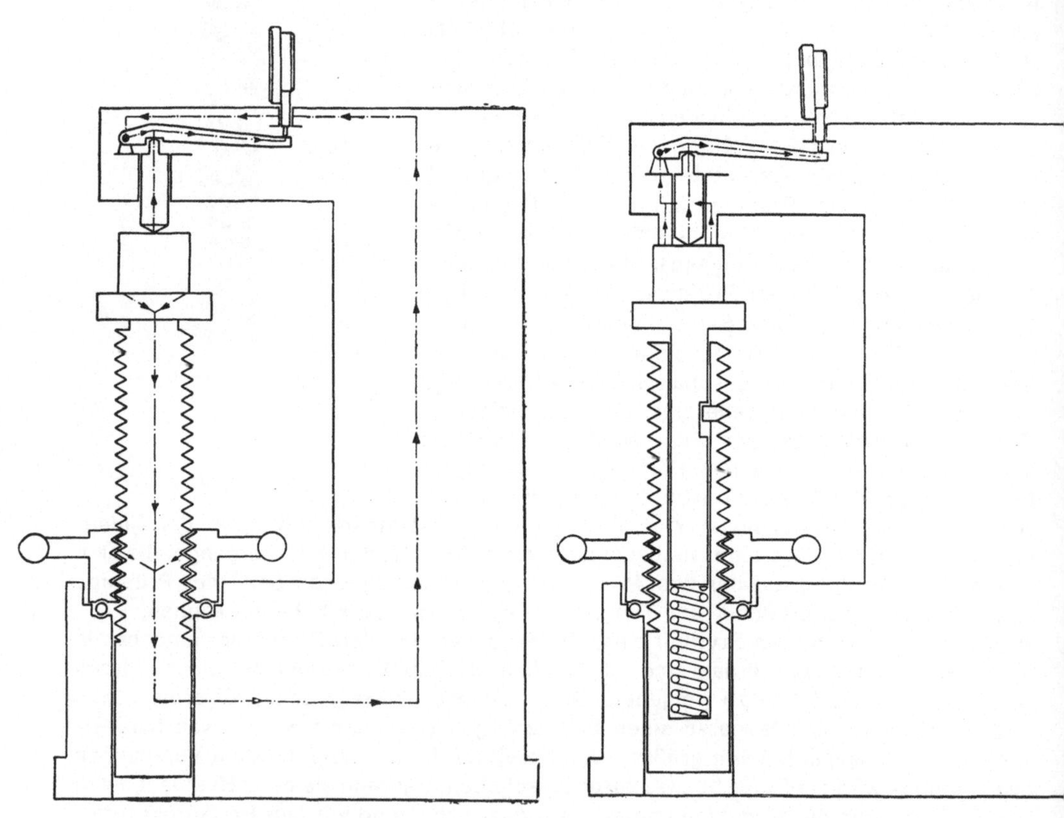

Abb. 44
„Schlecht", weil ohne Einspannung

Die von der ➤·— Linie berührten Teile sind
an der Tiefenmessung beteiligt

Abb. 45
„Gut" durch Originaleinspannung
REICHERTER

Die von der ➤·— Linie berührten Teile sind
an der Tiefenmessung beteiligt

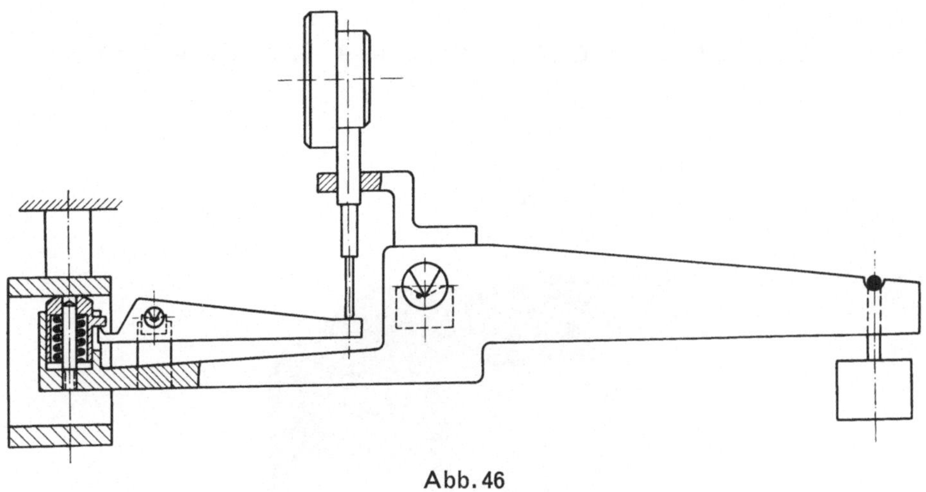

Abb. 46

Zur Ausführung der Vorlasthärteprüfung (Rockwellprüfung) stehen zur Verfügung:

1. Härteprüfer „BRIRO UV"
2. Härteprüfer „BRIRO UV 1000"
3. Härteprüfer „BRIRO UVK"
4. Härteprüfer „BRIRO 2"
5. Härteprüfer „BRIRO 2 IN"
6. Härteprüfer „BRIRO 111"
7. Härteprüfer „BRIRO 112"
8. Härteprüfer „BRF"
9. Härteprüfer „BRIRO IN"
10. Härteprüfer „BRIRO INV"

Die Härteprüfmaschinen „BRIRO UV", „BRIRO UV 1000", „BRIRO UVK", „BRIRO 2",
„BRIRO 2 IN", „BRIRO 111", „BRIRO 112" und „BRF" sind Maschinen zur Durchführung der Vorlasthärteprüfung (Rockwellprüfung). Das Hauptmerkmal dieser Maschinen ist die Originaleinspannung REICHERTER, Deutsches Reichspatent. Die Konstruktion der Belastungseinrichtung ist überaus einfach und verbürgt daher größte
Meßgenauigkeit.

Die Härteprüfmaschinen „BRIRO IN" und „BRIRO INV" sind dadurch gekennzeichnet,
daß die Meßuhr starr mit dem aus dem Maschinengestell herausragenden Belastungshebel verbunden ist. Die Konstruktion ist übersichtlich und verbürgt ebenfalls höchste
Meßgenauigkeit.

Die Härteprüfmaschinen „BRIRO", die mit Gewichtsbelastung ausgestattet sind, besitzen einstellbare Belastungsgeschwindigkeit. Bei den Federbelastungsmaschinen ist
die Prüflast erreicht, wenn sich 2 Strichmarken decken.

Abb. 47

Härteprüfmaschine „BRIRO UV"

Bezeichnung: Härteprüfmaschine „BRIRO UV"

Art der Prüfung: Brinell- und R o c k w e l l prüfung (Vorlast)

Verwendungszweck: Universalprüfmaschine

Prüfbelastungen und Prüfkörper:

Gesamtlast kg	62,5	100	150	187,5	250
Vorlast kg	10	10	10	10	10
Prüfkörper	2,5-mm-Kugel Diamantkegel 120^0	$1/16''$-Kugel	Diamantkegel 120^0	2,5-mm-Kugel	5-mm-Kugel

BRINELLPRÜFUNG

Kugeldurch-messer D in mm	Belastung P in kg			
	$30\ D^2$	$10\ D^2$	$5\ D^2$	$2,5\ D^2$
5	—	$250^1)$	$125^1)$	62,5
2,5	187,5	62,5	$31,2^1)$	—

$^1)$ Sonderzubehör

Kurzbeschreibung:

Gewichtsbelastungsmaschine. Belastungsgeschwindigkeit regelbar. Messung des Tiefenunterschiedes. Die Vergrößerung der Eindringtiefe des Prüfkörpers bei Steigerung der Belastung von Vorlast auf Gesamtlast und anschließender Entlastung auf Vorlast wird in $^2/_{1000}$ mm gemessen und ergibt, von der Zahl 100 bzw. 130 abgezogen, die Vorlasthärte.
Die Vorlasthärte ist also an der Meßuhr direkt ablesbar. Steigerung der Genauigkeit durch die patentierte Originaleinspannung REICHERTER. Bei der Originaleinspannung REICHERTER ist die Einspannkraft garantiert größer als die Prüflast, daher größte Genauigkeit. Leichte Auswechselbarkeit der Prüfköpfe, also leichte Anpassungsfähigkeit an die einzelnen Formen und Abmessungen der Prüflinge. Bei Durchführung des reinen Brinellversuches Auswertung der Eindrücke außerhalb der Maschine.

Abmessungen und Gewichte:

Größe	I	II	III	IV	V
Ausladung mm	100	150	150	150	150
Abmessungen der Grundplatte mm	220×500	220×550	220×550	170×490	170×490
Gewicht ca. kg	65	75	80	80	90
Größte Prüfhöhe mm	170	230	350	500	630

Abb. 48

Härteprüfmaschine „BRIRO UV 1000"

MASCHINENBESCHREIBUNG GRUPPE II

Bezeichnung: Härteprüfmaschine „BRIRO UV 1000"

Art der Prüfung: Brinell- und Rockwellprüfung (Vorlast)

Verwendungszweck: Universalprüfmaschine

BRINELLPRÜFUNG

Prüfbelastungen und Prüfkörper:

Kugeldurch-messer D in mm	Belastung P in kg			
	$30\,D^2$	$10\,D^2$	$5\,D^2$	$2{,}5\,D^2$
10	—	1000	500	250
5	750	250	125	62,5
2,5	187,5	62,5	—	—

ROCKWELLPRÜFUNG

Gesamt-last kg	62,5	100	150	187,5	250	500	750	1000
Vorlast kg	10	10	10	10	10	10	10	10
Prüf-körper	2,5- u. 5-mm-Kugel	$\frac{1}{16}''$ Kugel	Diamant-kegel 120°	2,5-mm-Kugel	10- u. 5-mm-Kugel	10-mm-Kugel	10-mm-Kugel	10-mm-Kugel

Kurzbeschreibung: Gewichtsbelastungsmaschine. Belastungsgeschwindigkeit regelbar. Messung des Tiefenunterschiedes. Die Vergrößerung der Eindringtiefe des Prüfkörpers bei Steigerung der Belastung von Vorlast auf Gesamtlast und anschließender Entlastung auf Vorlast wird in $^2/_{1000}$ mm gemessen und ergibt, von der Zahl 100, 130 oder 500 abgezogen, die Vorlasthärte. Genauigkeitssteigerung durch Originaleinspannung REICHERTER, Deutsches Reichspatent. Leichte Einstellbarkeit der Prüflasten bis 1000 kg. Hohe Leistung und größte Genauigkeit. Als Brinellpresse, Auswertung der Eindrücke außerhalb der Maschine, bestens geeignet.

Abmessungen und Gewichte: Ausladung 150 mm. Größte Prüfhöhe 350 mm. Abmessungen der Grundplatte 170×490 mm. Gewicht ca. 125 kg

Abb. 49

Abb. 49

Härteprüfmaschine „BRIRO 111"

MASCHINENBESCHREIBUNG GRUPPE II

Bezeichnung: Härteprüfmaschine „BRIRO 111"

Art der Prüfung: Brinell- und Rockwellprüfung (Vorlast)

Verwendungszweck: Spezialmaschine zur Prüfung besonders schwerer und sperriger Stücke

ROCKWELLPRÜFUNG

Prüfbelastungen und Prüfkörper:

Gesamtlast kg	62,5	100	150	187,5	250[1])
Vorlast kg	10	10	10	10	10
Prüfkörper	2,5-mm-Kugel Diamantkegel 120°	$^{1}/_{16}$"-Kugel	Diamantkegel 120°	2,5-mm-Kugel	5-mm-Kugel

[1]) Sonderzubehör

BRINELLPRÜFUNG

Kugeldurchmesser D in mm	Belastung P in kg			
	$30\,D^2$	$10\,D^2$	$5\,D^2$	$2,5\,D^2$
5	—	250[1])	125[1])	62,5
2,5	187,5	62,5	—	—

[1]) Sonderzubehör

Kurzbeschreibung: Gewichtsbelastungsmaschine. Belastungsgeschwindigkeit regelbar. Ablesung der Vorlasthärte an der Meßuhr, Einbau der Originaleinspannung REICHERTER, Deutsches Reichspatent. Prüftisch universal einstellbar. Eigengewicht des Prüftisches und des Prüflings durch Gegengewicht ausgeglichen. Leichte Bedienung der Maschine. Bei Durchführung des reinen Brinellversuches Auswertung der Eindrücke außerhalb der Maschine.

Abmessungen und Gewichte: Ausladung 200 mm. Größter Werkstückdurchmesser 300 mm. Abmessungen der Grundplatte 400×550 mm. Gewicht der Maschine mit Gegengewicht ca. 900 kg

Abb. 50

Härteprüfmaschine „BRIRO 112"

Bezeichnung: Härteprüfmaschine ,,BRIRO 112''

Art der Prüfung: Brinell- und R o c k w e l l prüfung (Vorlast)

Verwendungszweck: Maschine für größere Konstruktionsteile, großer Tisch für den Aufbau

ROCKWELLPRÜFUNG

Prüfbelastungen und Prüfkörper:

Gesamtlast kg	62,5	100	150	187,5	250[1])
Vorlast kg	10	10	10	10	10
Prüfkörper	2,5-mm-Kugel Diamantkegel 120°	$^1/_{16}''$-Kugel	Diamantkegel 120°	2,5-mm-Kugel	5-mm-Kugel

[1]) Sonderzubehör

BRINELLPRÜFUNG

Kugeldurch-messer D in mm	Belastung P in kg			
	30 D²	10 D²	5 D²	2,5 D²
5	—	250[1])	120[1])	62,5
2,5	187,5	62,5	—	—

[1]) Sonderzubehör

Kurzbeschreibung: Gewichtsbelastungsmaschine. Belastungsgeschwindigkeit regelbar. Ablesung der Vorlasthärte an der Meßuhr, Einbau der Originaleinspannung REICHERTER, Deutsches Reichspatent. Prüftisch zum Einbauen von Vorrichtungen mit Durchbrüchen versehen. Prüftisch durch Gegengewicht ausgeglichen. Leichte Handhabung.

Abmessungen und Gewichte: Ausladung 200 mm. Größte Prüfhöhe 700 mm. Abmessungen des Prüftisches 330 × 800, der Grundplatte 400 × 550 mm. Gewicht der Maschine mit Gegengewicht ca. 650 kg

Abb. 51

Härteprüfmaschine „BRIRO UVK"

Bezeichnung: Härteprüfmaschine „BRIRO UVK"

Art der Prüfung: Rockwellprüfung (Vorlast)

Verwendungszweck: Spezialmaschine zum Prüfen dünnen Materials und zum Prüfen einsatzgehärteter und Prüflinge

ROCKWELLPRÜFUNG

Prüfbelastungen und Prüfkörper:

Gesamtlast kg	15	30	45
Vorlast kg	3	3	3
Prüfkörper	Pyramid- diamant 136°	Pyramid- diamant 136°	Pyramid- diamant 136°

Kurzbeschreibung: Gewichtsbelastungsmaschine. Belastungsgeschwindigkeit regelbar. Messung des Tiefenunterschiedes. Die Vergrößerung der Eindringtiefe des Prüfkörpers bei Steigerung der Belastung von Vorlast auf Gesamtlast und anschließender Entlastung auf Vorlast wird in $^1/_{1000}$ mm gemessen und ergibt, von der Zahl 100 abgezogen, die Vorlasthärte. Steigerung der Genauigkeit durch die patentierte Originaleinspannung REICHERTER, Deutsches Reichspatent. Bei der Originaleinspannung REICHERTER ist die Einspannkraft garantiert größer als die Prüflast, daher größte Genauigkeit. Leichte Auswechselbarkeit der Prüfköpfe, also leichte Anpassungsfähigkeit an die einzelnen Formen und Abmessungen der Prüflinge.

Abmessungen und Gewichte:

Größe	I	II	III
Ausladung	100 mm	150 mm	150 mm
Größte Prüfhöhe	170 mm	230 mm	350 mm
Abmessungen der Grundplatte	180×380 mm	170×490 mm	170×490 mm
Gewicht ca.	42 kg	55 kg	62 kg

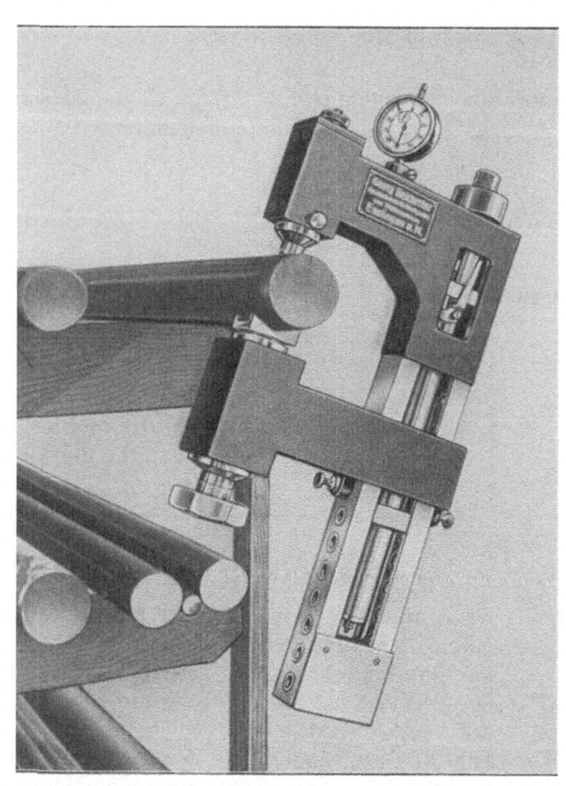

Abb.52

Tragbarer Härteprüfer „BRIRO 2"

MASCHINENBESCHREIBUNG GRUPPE II

Bezeichnung: Tragbarer Härteprüfer ,,BRIRO 2''

Art der Prüfung: Brinell- und R o c k w e l l prüfung (Vorlast)

Verwendungszweck: Hand-Härteprüfer

ROCKWELLPRÜFUNG

Prüfbelastungen und Prüfkörper:

Gesamtlast kg	$62,5^1)$	$100^1)$	150	187,5	$250^1)$
Vorlast kg	10	10	10	10	10
Prüfkörper	2,5-mm-Kugel Diamantkegel 100^0	$1/_{16}''$-Kugel	Diamantkegel 120^0	2,5-mm-Kugel	5-mm-Kugel

^{1}) Sonderzubehör

BRINELLPRÜFUNG

Kugeldurchmesser D in mm	Belastung P in kg			
	$30\ D^2$	$10\ D^2$	$5\ D^2$	$2,5\ D^2$
5	—	$250^1)$	$125^1)$	62,5
2,5	187,5	$62,5^1)$	—	—

^{1}) Sonderzubehör

Kurzbeschreibung: Federbelastung. Originaleinspannung REICHERTER, D. R. P. Ohne die Einspannung ist genaues Arbeiten eines tragbaren Härteprüfers nach Rockwell kaum denkbar. Der tragbare Härteprüfer darf während der Prüfung keinerlei Eigenbewegungen durchführen, was durch die Originaleinspannung REICHERTER verhindert ist. Leichte Anpassung an die Form und Größe der Prüflinge.

Abmessungen und Gewichte:

	A	B	C
Ausladung	125 mm	225 mm	275 mm
Größte Prüfhöhe	250 mm	450 mm	50 mm
Gewicht ca.	9,5 kg	11,5 kg	9 kg

Abb. 53

Tragbarer Härteprüfer „BRIRO 2 IN"

Bezeichnung: Tragbarer Härteprüfer ,,BRIRO 2 IN''

Art der Prüfung: R o c k w e l l prüfung (Vorlast)

Verwendungszweck: Hand-Härteprüfer für Innenprüfung

**Prüfbelastungen und
Prüfkörper:** Nach Vereinbarung

Kurzbeschreibung: Federbelastung. Vorlasthärteprüfung. Originaleinspannung REICHERTER, Deutsches Reichspatent, für genaues Arbeiten ganz besonders wichtig. Anpassung an die Größe der Bohrung durch Zwischenstücke. Leichte Bedienung, genaues Arbeiten. Sonderkonstruktion, wird den Bedürfnissen angepaßt.

**Abmessungen und
Gewichte:** Sonderkonstruktion

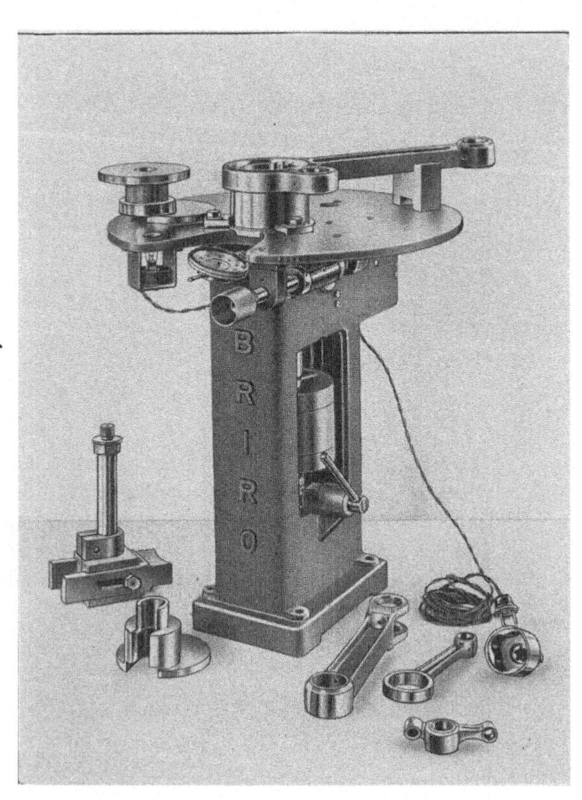

Abb. 54

Härteprüfmaschine „BRIRO INV"

(Innenhärteprüfer)

MASCHINENBESCHREIBUNG GRUPPE II

Bezeichnung: Härteprüfmaschine ,,BRIRO INV"

Art der Prüfung: Rockwellprüfung (Vorlast)

Verwendungszweck: Stationärer Innenhärteprüfer, vertikale Bauweise

ROCKWELLPRÜFUNG

Prüfbelastungen und Prüfkörper:

Gesamtlast kg	62,5	100	150	187,5
Vorlast kg	10	10	10	10
Prüfkörper	2,5-mm-Kugel Diamant-kegel 120⁰	$^{1}/_{16}''$-Kugel	Diamant-kegel 120⁰	2,5-mm-Kugel

Kurzbeschreibung: Gewichtsbelastungsmaschine. Regelbare Belastungsgeschwindigkeit. Vorlasthärteprüfung. Patentierter Belastungshebel. Prüfung unter Zuhilfenahme von Aufnahmebüchsen. Dadurch Prüfung auch kompliziertester Teile möglich. Genaueste Prüfergebnisse.

Abmessungen und Gewichte: Kleinster zu prüfender Bohrungsdurchmesser 30 mm. Einfahrtiefe 70 mm. Grundplatte 180×260 mm. Tischdurchmesser 500 mm. Gewicht ca. 80 kg

Abb. 55

Härteprüfmaschine „BRIRO IN"
(Innenhärteprüfer)

MASCHINENBESCHREIBUNG GRUPPE II

Bezeichnung: Härteprüfmaschine ,,BRIRO IN''

Art der Prüfung: Rockwellprüfung (Vorlast)

Verwendungszweck: Stationärer Innenhärteprüfer, horizontale Bauweise

ROCKWELLPRÜFUNG

Prüfbelastungen und Prüfkörper:

Gesamtlast kg	62,5	100	150	187,5
Vorlast kg	10	10	10	10
Prüfkörper	2,5-mm-Kugel Diamant-kegel 120°	$^1/_{16}$''-Kugel	Diamant-kegel 120°	2,5-mm-Kugel

Kurzbeschreibung: Gewichtsbelastungsmaschine. Regelbare Belastungsgeschwindigkeit. Vorlasthärteprüfung. Patentierter Belastungshebel. Universale Anwendung des Härteprüfers. Begrenzung der Einfahrtiefe durch Anschlag. Schnelles und genaues Arbeiten.

Abmessungen und Gewichte: Kleinster zu prüfender Bohrungsdurchmesser 30 mm. Einfahrtiefe 110 mm. Grundplatte 170 × 490 mm. Gewicht ca. 65 kg

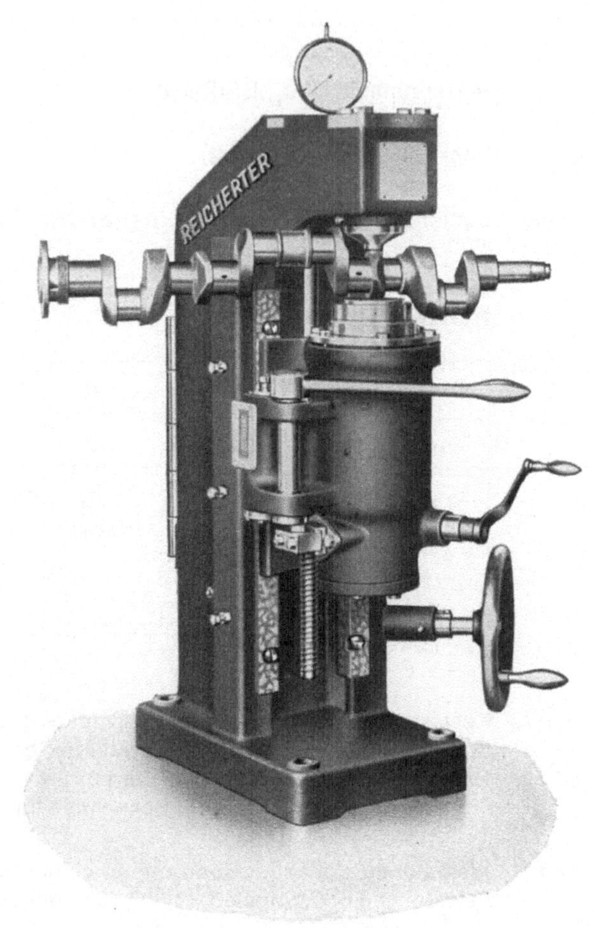

Abb. 56

Härteprüfmaschine Type „BRF"

MASCHINENBESCHREIBUNG GRUPPE II

Bezeichnung: Härteprüfmaschine „BRF"

Art der Prüfung: Brinell- und Rockwellprüfung (Vorlast)

Verwendungszweck: Spezialmaschine zum Prüfen schwerer und überhängender Werkstücke

BRINELLPRÜFUNG

Prüfbelastungen und Prüfkörper:

Kugeldurch-messer D in mm	Belastung P in kg			
	$30 D^2$	$10 D^2$	$5 D^2$	$2,5 D^2$
10	3000	1000[1]	500[1]	250
5	750[1]	250	—	—
2,5	187,5[1]	—	—	—

[1] Sonderzubehör

ROCKWELLPRÜFUNG

Gesamtlast kg	150[1]	187,5[1]	250[1]	500[1]	750[1]	1000[1]	3000
Vorlast kg	10	10	10	10	10	10	250
Prüfkörper	Diamant-kegel 120°	2,5-mm-Kugel	5-mm-Kugel	10-mm-Kugel	5-mm-Kugel	10-mm-Kugel	10-mm-Kugel

[1] Sonderzubehör

Kurzbeschreibung: Federbelastungsmaschine. Messung des Tiefenunterschiedes. Die Vergrößerung der Eindringtiefe des Prüfkörpers bei Steigerung der Belastung von 250 kg Vorlast auf 3000 kg Gesamtlast und anschließender Entlastung auf 250 kg ergibt, von der Zahl 500 abgezogen, die Tiefenhärte (Rockwellhärte). Die Tiefenhärte ist also an der Meßuhr direkt ablesbar. Steigerung der Genauigkeit durch die patentierte Originaleinspannung REICHERTER, Deutsches Reichspatent. Bei der Originaleinspannung REICHERTER ist die Einspannkraft garantiert größer als die Prüflast, daher größte Genauigkeit. Die Einspannkraft beträgt ca. 3800 kg. Prüfung der schwierigsten Werkstücke mit größter Genauigkeit. Bei Durchführung des reinen Brinellversuches Auswertung der Eindrücke außerhalb der Maschine.

Abmessungen und Gewichte: Ausladung 150 mm. Größte Prüfhöhe 320 mm. Abmessungen der Grundplatte 300×460 mm. Gewicht ca. 240 kg

Prüfbeispiele für die Vorlasthärteprüfung (Rockwellprüfung)

In nachfolgenden Prüfbeispielen wird gezeigt, wie universal anwendbar die Vorlasthärteprüfung (Rockwellprüfung) in den BRIRO-Härteprüfern ist. Den Prüfbeispielen
sind ausführliche Erläuterungen beigegeben.

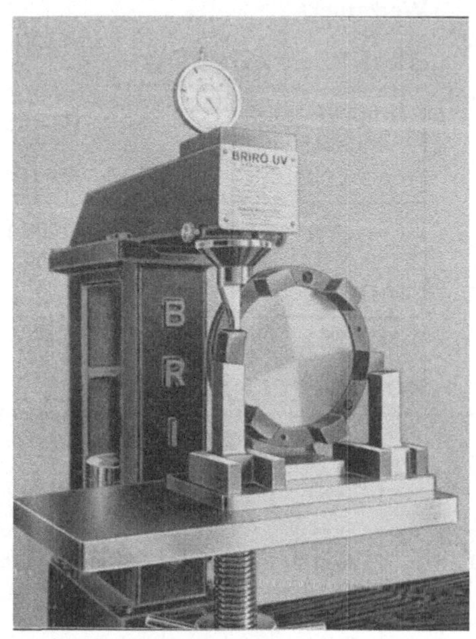

Abb. 57

PRÜFBEISPIEL 57

Prüfling:	Maschinenteil, Chromnickelstahl, Einsatztiefe 1—1,5 mm
Prüfbedingungen:	H_{vD} 62—65
Maschinentype:	„BRIRO UV" Größe III
Sondereinrichtung:	Spezialprüfkopf, Vorrichtung für die Lagerung des Prüflings, Sonderprüftisch mit großen Abmessungen
Prüfergebnis:	Ablesung an der Meßuhr 64
Schreibweise:	H_{vD} 64
Bemerkung:	Das Maschinenteil kann nur mit Sonderprüfkopf geprüft werden. Mit dem verlängerten Stollen des Prüfkopfes wird das Kupplungsstück gegen die Haltevorrichtung eingespannt. Da das Maschinenteil eine Einsatztiefe von 1—1,5 mm hat, kann die Rockwellprüfung mit 150 kg angewendet werden.

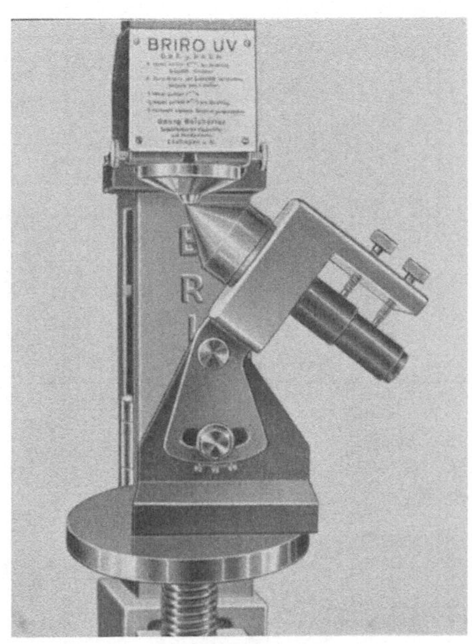

Abb. 58

PRÜFBEISPIEL 58

Prüfling: Drehbankspitze, Spezialmaterial durchgehärtet

Prüfbedingungen: $H_{vD\ 62,5}\ \dfrac{62-64}{81,5-82,5}$ (s. Seite 125)

Maschinentype: ,,BRIRO UV" Größe III

Sondereinrichtung: Prüfkopf für kleine Teile, Vorrichtung für die Aufnahme der Drehbankspitze, großer Prüftisch 190 mm Durchmesser

Prüfergebnis: Ablesung an der Meßuhr 82

Schreibweise: $H_{vD\ 62,5}\ \dfrac{63}{82}$

Bemerkung: Die Drehbankspitze soll so weit wie möglich vorn an der Spitze geprüft werden. Da der Einfluß der Rundung das Prüfresultat beeinflussen könnte, ist es zweckmäßig, nur mit 62,5 kg Hauptlast zu prüfen. Der Prüfkopf ist so ausgebildet, daß die Prüfstelle noch gut beobachtet werden kann. Die Haltevorrichtung der Drehbankspitze ist schwenkbar, so daß die verschiedensten Winkelgrade geprüft werden können.

Abb. 59

PRÜFBEISPIEL 59

Prüfling: Stahlhelm, Spezialmaterial vergütet

Prüfbedingungen: H_{vD} 40—48

Maschinentype: „BRIRO UV" Größe III

Sondereinrichtung: Prüfkopf normal, Vorrichtung für die Lagerung des Stahlhelmes, großer Prüftisch 240 mm Durchmesser

Prüfergebnis: Ablesung an der Meßuhr 43

Schreibweise: H_{vD} 43

Bemerkung: Der Stahlhelm wird auf eine Spezialauflage gelegt, die Prüfung erfolgt mit dem normalen Prüfkopf.

Abb. 60

PRÜFBEISPIEL 60

Prüfling: Maschinenteil, einsatzgehärtet, Einsatztiefe 1—1,2 mm

Prüfbedingungen: H_{vD} 59—63

Maschinentype: „BRIRO UV" Größe III

Sondereinrichtung: Spezialprüfkopf, Vorrichtung für die Lagerung des Prüflings, großer Prüftisch 240 mm Durchmesser

Prüfergebnis: Ablesung an der Meßuhr 61

Schreibweise: H_{vD} 61

Bemerkung: Für das Maschinenteil ist ein Sonderprüfkopf erforderlich. Das Maschinenteil wird in der Haltevorrichtung gelagert und gegen den verlängerten Stollen des Prüfkopfes eingespannt. Das Prüfbeispiel zeigt deutlich, welchen Umfang die Vorrichtungen für eine genaue Härteprüfung annehmen können. Das Maschinenteil hat eine Einsatztiefe von 1—1,2 mm. Es kann also die Vorlasthärteprüfung mit 150 kg angewandt werden.

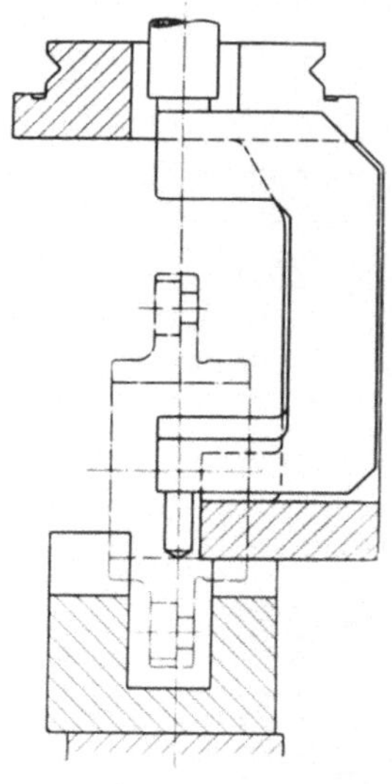

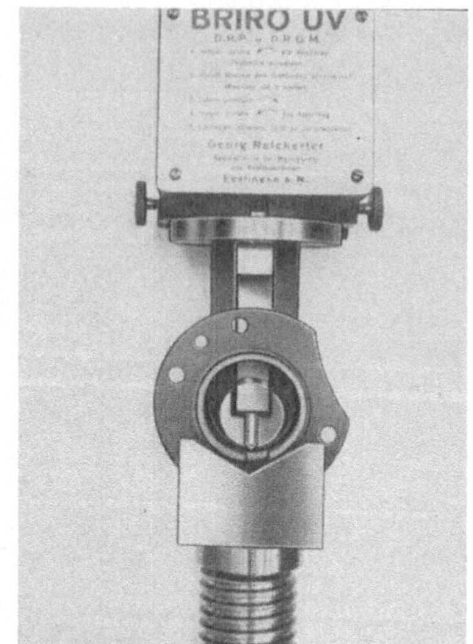

<table>
<tr><td>Abb. 61</td><td>Abb. 62</td></tr>
</table>

PRÜFBEISPIEL 61/62

Prüfling: Flanschlager, einsatzgehärtet, Einsatztiefe 0,8 mm

Prüfbedingungen: H_{vD} 58—63

Maschinentype: „BRIRO UV" Größe II

Sondereinrichtung: Spezialinnenprüfkopf, Spezialdiamanthalter und Spezialauflage für den Prüfling

Prüfergebnis: Ablesung an der Meßuhr 59

Schreibweise: H_{vD} 59

Bemerkung: Für die Innenprüfung des Flanschlagers ist ein Innenprüfkopf und ein Diamanthalter erforderlich. Es ist aus der Zeichnung zu erkennen, wie das Flanschlager gegen den Prüfkopf eingespannt ist. Einsatztiefe 0,8 mm. Die Vorlasthärteprüfung kann mit 150 kg durchgeführt werden.

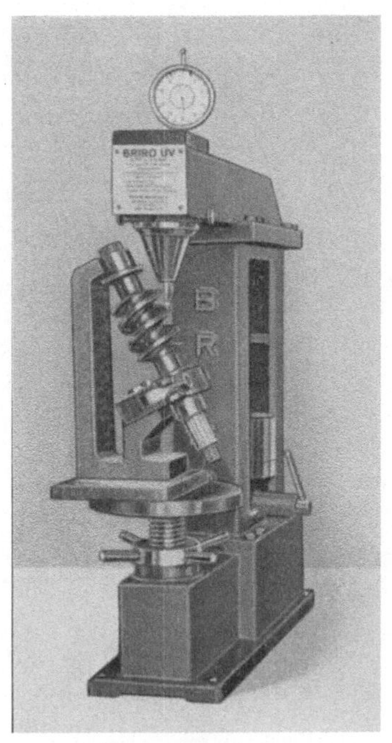

Abb. 63

PRÜFBEISPIEL 63

Prüfling: Schnecke, Spezialmaterial einsatzgehärtet, Einsatztiefe 0,6 bis 1 mm

Prüfbedingungen: H_{vD} 60—64

Maschinentype: „BRIRO UV" Größe III

Sondereinrichtung: Spezialprüfkopf, Spezialdiamanthalter, Spezialauflage für den Prüfling

Prüfergebnis: Ablesung an der Meßuhr 62

Schreibweise: H_{vD} 62

Bemerkung: Die Schnecke wird schräg gestellt und gegen den Prüfkopf eingespannt. Der Prüfkopf ist sehr schlank ausgebildet, so daß die Härteprüfung in den Gängen der Schnecke möglich ist. Die Einsatztiefe beträgt 0,6—1 mm, die Prüfung ist daher mit 150 kg ausführbar.

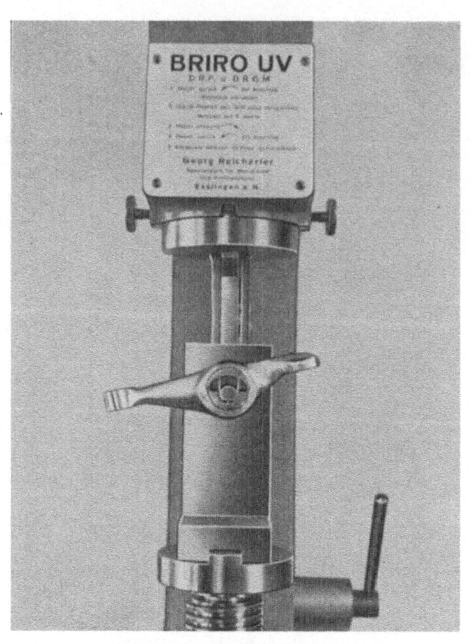

Abb. 64

PRÜFBEISPIEL 64

Prüfling: Kipphebel, Spezialmaterial einsatzgehärtet, Einsatztiefe 0,4 mm

Prüfbedingungen: $H_{vD\ 62,5}\ \dfrac{63-65}{82-83}$

Maschinentype: „BRIRO UV" Größe I

Sondereinrichtung: Spezialinnenprüfkopf, Spezialdiamanthalter und Spezialauflage für den Prüfling

Prüfergebnis: Ablesung an der Meßuhr 82,5

Schreibweise: $H_{vD\ 62,5}\ \dfrac{64}{82,5}$

Bemerkung: Aus dem Prüfbeispiel ist zu entnehmen, daß in auch noch verhältnismäßig kleinen Bohrungen die Vorlasthärteprüfung durchgeführt werden kann. Aus der Abbildung ist die Art der Einspannung deutlich zu erkennen. Da die Einsatztiefe des Prüflings nur noch 0,4 mm stark ist und da der Einfluß des Bohrungsdurchmessers auf das Prüfresultat hinzukommt, darf keine höhere Prüflast als 62,5 kg angewandt werden.

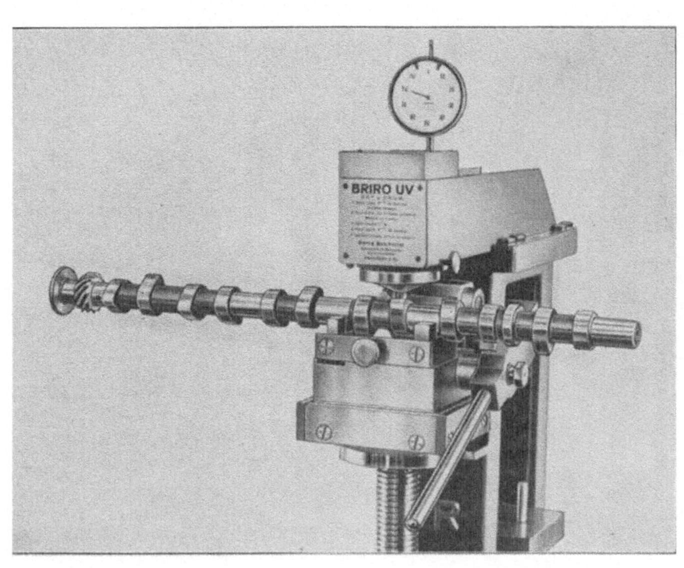

Abb. 65

PRÜFBEISPIEL 65

Prüfling:	Nockenwelle, Spezialmaterial gehärtet
Prüfbedingungen:	H_{vD} 60—64
Maschinentype:	„BRIRO UV" Größe II
Sondereinrichtung:	Spezialprüfkopf und Spezialvorrichtung zur Lagerung der Nockenwelle
Prüfergebnis:	Ablesung an der Meßuhr 62
Schreibweise:	H_{vD} 62
Bemerkung:	Die Nocken der Nockenwelle sollen an jeder Stelle auf Vorlasthärte untersucht werden. Die Haltevorrichtung ist so ausgebildet, daß diese Bedingung erfüllt wird. Trotzdem die Nockenwelle stark überhängt, wird durch die Originaleinspannung REICHERTER erreicht, daß ein sicheres und genaues Prüfen möglich ist.

Abb. 66

PRÜFBEISPIEL 66

Prüfling: Maschinenteil, einsatzgehärtet, Einsatztiefe 0,6 mm

Prüfbedingungen: $H_{vD\,62,5} \dfrac{60-65}{80,5-83}$

Maschinentype: „BRIRO UV" Größe I

Sondereinrichtung: Kugeltisch zum Prüfen konischer Teile

Prüfergebnis: Ablesung an der Meßuhr 81,5

Schreibweise: $H_{vD\,62,5} \dfrac{62}{81,5}$

Bemerkung: Das Machinenteil wird in ein Prisma gelegt und der Kugeltisch so ausgerichtet, daß der Prüfling parallel zum Prüfkopf steht. In dieser Stellung ist eine einwandfreie und genaue Prüfung möglich. Bei Mengenprüfung werden die Druckschrauben am Kugeltisch entsprechend eingestellt[1]).

[1]) Auf Seite 127 „Prüfung von einsatzgehärteten und nitrierten Werkstücken" wird bei einer angenommenen Einsatztiefe von 0,6 mm und einer zu erwartenden Vorlasthärte H_{vD} ca. 60 die Prüfbelastung von 62,5 kg festgestellt.

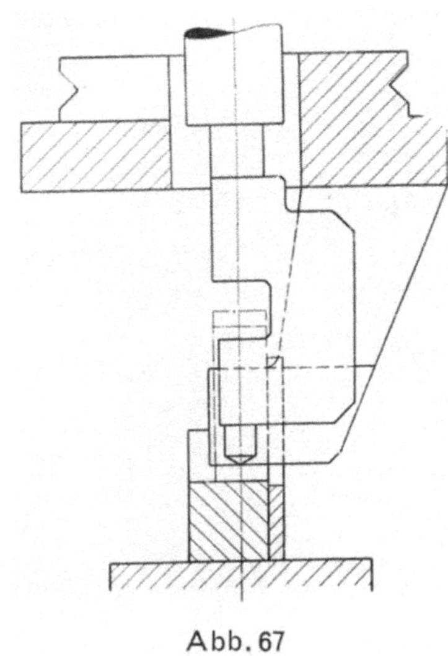

Abb. 67

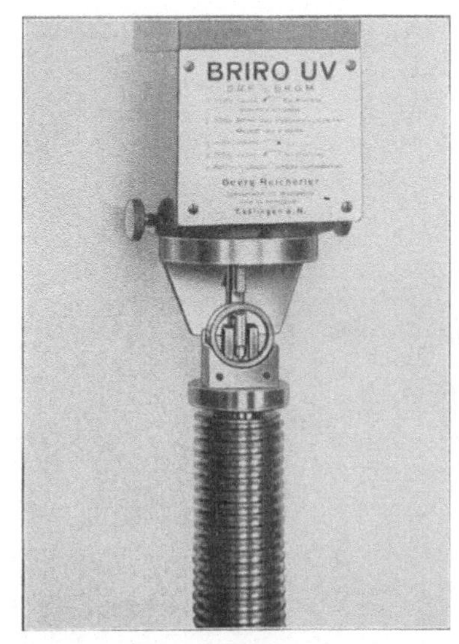

Abb. 68

PRÜFBEISPIEL 67/68

Prüfling: Ring, Spezialmaterial durchgehärtet

Prüfbedingungen: H_{vD} 60—64

Maschinentype: „BRIRO UV" Größe I

Sondereinrichtung: Spezialinnenprüfkopf, Spezialdiamanthalter und Spezialauflage für den Prüfling

Prüfergebnis: Ablesung an der Meßuhr 61

Schreibweise: H_{vD} 61

Bemerkung: Aus diesem Prüfbeispiel ist die Innenprüfung wiederum sehr deutlich zu erkennen. Die Stollen, die links und rechts vom Prüfdiamanten gelagert sind, haben die Einspannkraft aufzunehmen.

Abb. 69

Abb. 70

PRÜFBEISPIEL 69

Prüfling:	Maschinenteil, Spezialmaterial vergütet
Prüfbedingungen:	H_{vD} 40—45
Maschinentype:	„BRIRO UV" Größe II
Sondereinrichtung:	—
Prüfergebnis:	Ablesung an der Meßuhr 42
Schreibweise:	H_{vD} 42
Bemerkung:	Das Prüfbeispiel zeigt, daß auch stark überhängende Werkstücke mit der Originaleinspannung REICHERTER einwandfrei auf Vorlasthärte geprüft werden können. Ohne Einspannung wäre die Prüfung eines solchen Werkstückes kaum denkbar.

PRÜFBEISPIEL 70

Prüfling:	Getriebeteil, einsatzgehärtet, Einsatztiefe 1,5—2 mm
Prüfbedingungen:	H_{vD} 58—64
Maschinentype:	„BRIRO UV" Größe II
Sondereinrichtung:	Spezialeinrichtung für die Lagerung des Getriebeteiles
Prüfergebnis:	Ablesung an der Meßuhr 61
Schreibweise:	H_{vD} 61
Bemerkung:	Auch in diesem Prüfbeispiel ist der Vorteil der Originaleinspannung REICHERTER deutlich erkennbar. Der Prüfling hat ein großes Eigengewicht und hängt, wenn an dem kleinen Durchmesser des Konus geprüft wird, stark über. Die Einspannung schaltet alle Fehlerquellen aus.

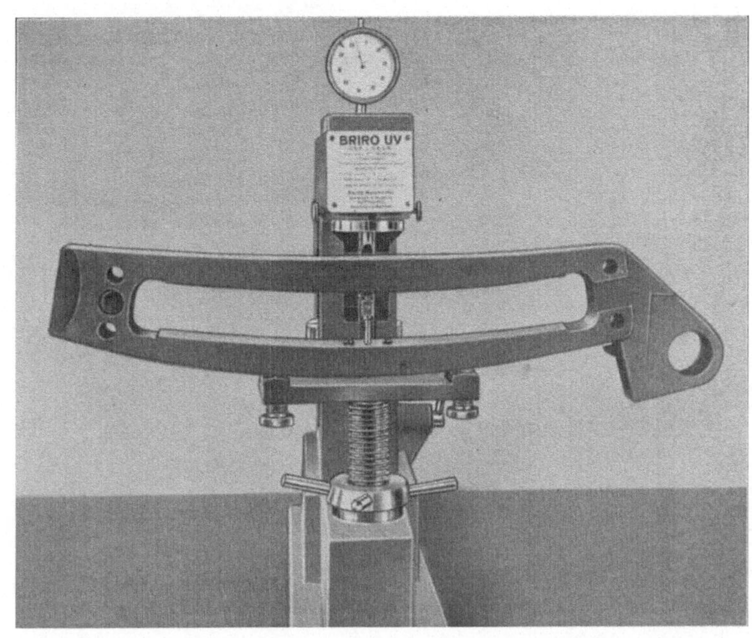

Abb. 71

PRÜFBEISPIEL 71

Prüfling:	Kulisse des Lokomotivbaues, Spezialmaterial gehärtet
Prüfbedingungen:	H_{vD} 58—62
Maschinentype:	„BRIRO UV" Größe III
Sondereinrichtung:	Spezialprüfkopf, Spezialdiamanthalter, Spezialauflage für die Kulisse
Prüfergebnis:	Ablesung an der Meßuhr 61
Schreibweise:	H_{vD} 61
Bemerkung:	Die Kulisse soll in ihrer Laufbahn geprüft werden. Diese Prüfung ist ein außerordentlich lehrreiches Beispiel dafür, welche schwierigen Werkstücksformen mit einem Sonderprüfkopf und einer entsprechenden Auflage mit Hilfe der Vorlasthärteprüfung einwandfrei auf Härte geprüft werden können.

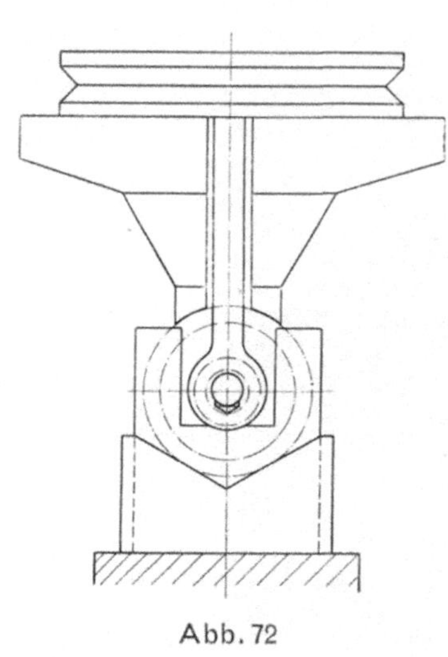

Abb. 72

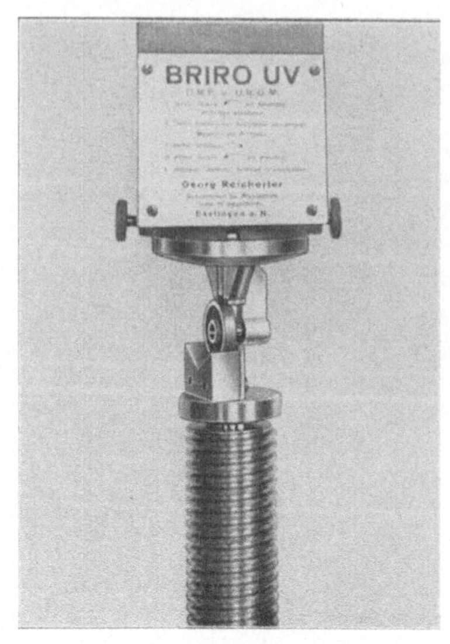

Abb. 73

PRÜFBEISPIEL 72/73

Prüfling: Ring, Spezialmaterial durchgehärtet

Prüfbedingungen: $H_{vD\ 62,5}\ \dfrac{60-64}{80,5-82,5}$

Maschinentype: „BRIRO UV" Größe I

Sondereinrichtung: Spezialinnenprüfkopf, Spezialdiamanthalter und Spezialauflage für den Prüfling

Prüfergebnis: Ablesung an der Meßuhr 81

Schreibweise: $H_{vD\ 62,5}\ \dfrac{61}{81}$

Bemerkung: Der Ring hat eine kleine Bohrung und eine verhältnismäßig dicke Wand. Die beträchtliche Wandstärke des Prüflings gestattet es, am äußeren Umfang einzuspannen, im Gegensatz zu dem Prüfling, Prüfbeispiel Nr. 67/68, wo die Prüfstollen innerhalb des Ringes gelagert sind. Es tritt also bei diesem Prüfbeispiel nur der Diamanthalter in die zu prüfende Bohrung ein. Da die Bohrung klein ist, ist die Prüfbelastung mit 62,5 kg anzuwenden.

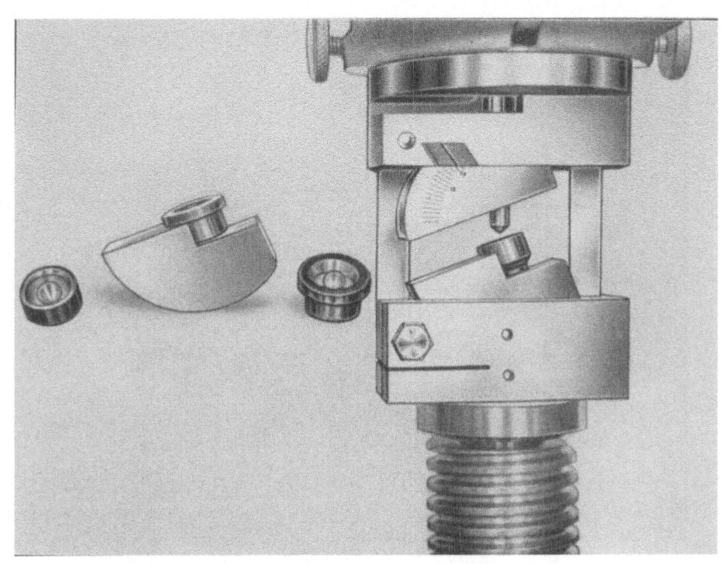

Abb. 74

PRÜFBEISPIEL 74

Prüfling: Kugelgelenkpfanne, Spezialmaterial durchgehärtet

Prüfbedingungen: H_{vD} 58—62

Maschinentype: „BRIRO UV" Größe I

Sondereinrichtung: Spezialprüfkopf, Spezialdiamanthalter und Spezialauflage für den Prüfling

Prüfergebnis: Ablesung an der Meßuhr 59

Schreibweise: H_{vD} 59

Bemerkung: Die Kugelgelenkpfanne soll an verschiedenen Stellen der Kugelkalotte geprüft werden. Die Vorrichtung ist deshalb schwenkbar und kann an einer Skala eingestellt werden. Die Prüfvorrichtung wird so lange gegen den Prüfkopf geführt, bis die Einspannung wirken kann.

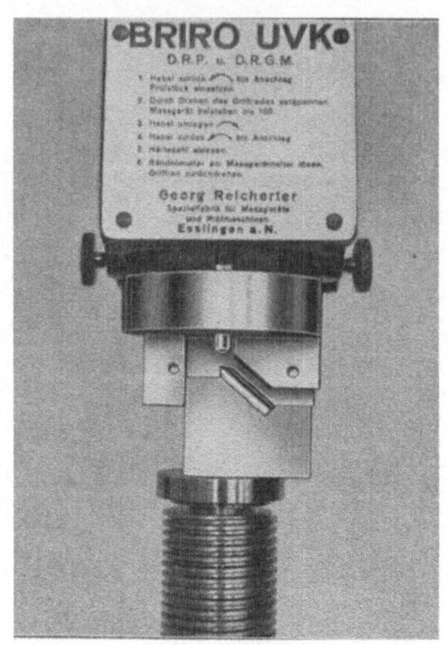

Abb. 75

PRÜFBEISPIEL 75

Prüfling: Werkzeugspitze, Spezialmaterial gehärtet

Prüfbedingungen: $H_{vD\ 62,5}\ \dfrac{60—64}{80,5—82,5}$

Maschinentype: „BRIRO UV" Größe I

Sondereinrichtung: Spezialprüfkopf, Spezialdiamanthalter und Spezialauflage für die Werkzeugspitze

Prüfergebnis: Ablesung an der Meßuhr 81

Schreibweise: $H_{vD\ 62,5}\ \dfrac{61}{81}$

Bemerkung: Das Werkstück wird an einem schrägen Meßanschlag angeschlagen. Die beim Schließen der Vorrichtung, d. h. beim Einspannen auftretenden Schubkräfte werden am Prüfkopf direkt rückgeschlossen. Da möglichst an der Spitze geprüft werden soll, ist, um den Einfluß des Krümmungsradius auszuschalten, eine Prüflast von 62,5 kg vorgesehen.

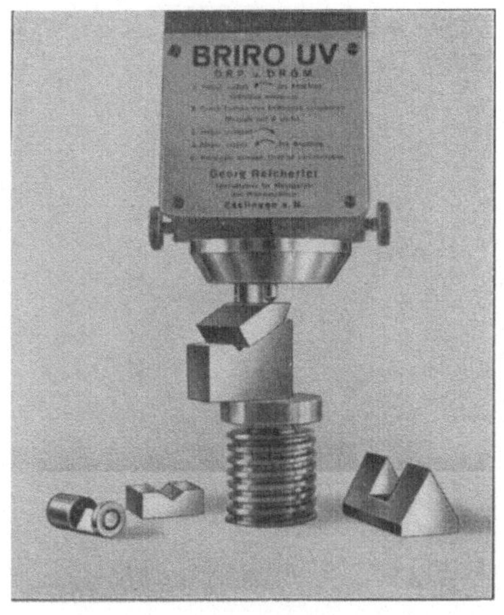

Abb. 76

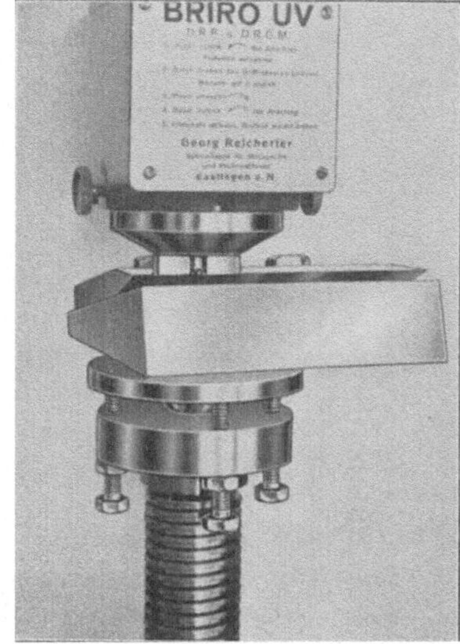

Abb. 77

PRÜFBEISPIEL 76

Prüfling:	Waagenschneide, Spezialmaterial durchgehärtet
Prüfbedingungen:	H_{vD} 60—62
Maschinentype:	„BRIRO UV" Größe I
Sondereinrichtung:	Spezialprüfkopf, Spezialauflage
Prüfergebnis:	Ablesung an der Meßuhr 60
Schreibweise:	H_{vD} 60
Bemerkung:	Die Schneide soll möglichst nahe an der Schneidenspitze geprüft werden. Der Meßanschlag sitzt, um dies zu ermöglichen, seitlich vom Diamanten

PRÜFBEISPIEL 77

Prüfling:	Maschinenmesser, Spezialmaterial durchgehärtet
Prüfbedingungen:	H_{vD} 58—62
Maschinentype:	„BRIRO UV" Größe I
Sondereinrichtung:	Spezialprüfkopf, Spezialauflage und Vorrichtuug mit Kugelgelenk
Prüfergebnis:	Ablesung an der Meßuhr 59
Schreibweise:	H_{vD} 59
Bemerkung:	Die Anpassung an die verschiedenen Schneidenwinkel des Maschinenmessers wird durch eine schräge Auflage und einen Kugelgelenktisch erzielt. Die Einspannung hat vornehmlich den Zweck, die Fehlerquelle des Kugelgelenktisches vom Meßergebnis auszuschalten.

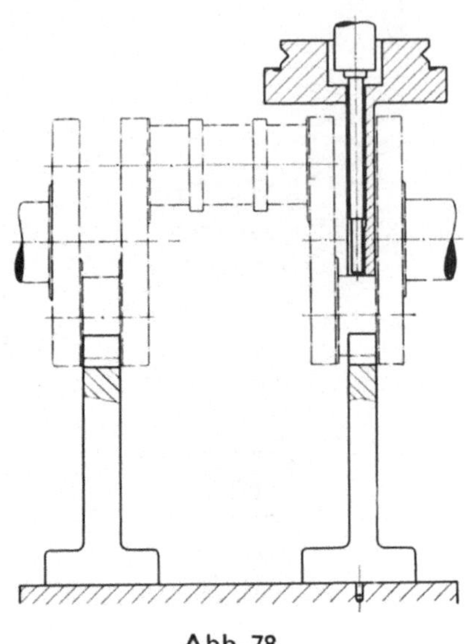

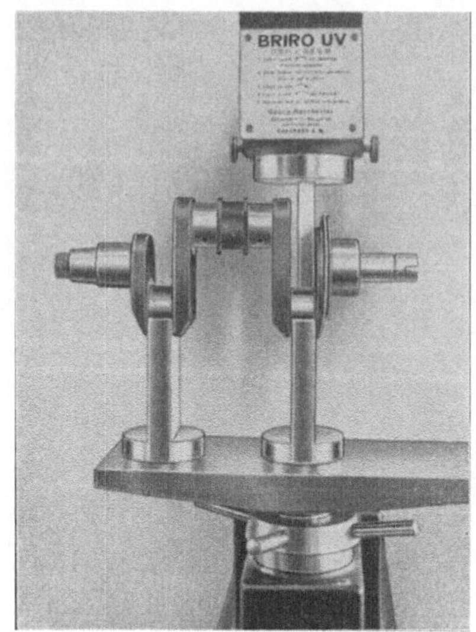

Abb. 78   Abb. 79

PRÜFBEISPIEL 78/79

Prüfling: Kurbelwelle, Spezialmaterial einsatzgehärtet, Einsatztiefe 1 bis 1,2 mm

Prüfbedingungen: H_{vD} 60—64

Maschinentype: ,,BRIRO UV" Größe III

Sondereinrichtung: Spezialprüfkopf, Spezialdiamanthalter, Spezialauflage

Prüfergebnis: Ablesung an der Meßuhr 61

Schreibweise: H_{vD} 61

Bemerkung: Die Kurbelwelle soll an den inneren Zapfen am ganzen Umfang geprüft werden. Durch die Einspannung wird der Prüfling auch dann festgehalten, wenn sein Schwerpunkt nicht lotrecht über den Auflagern liegt.

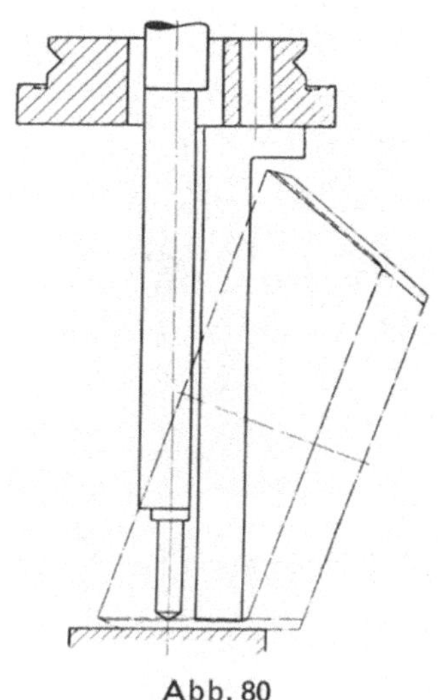

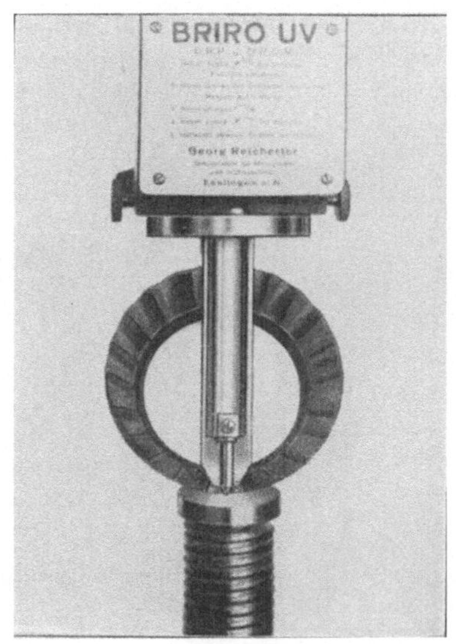

Abb. 80
Abb. 81

PRÜFBEISPIEL 80/81

Prüfling:	Rundmesser, Spezialmaterial gehärtet
Prüfbedingungen:	H_{vD} 55—60
Maschinentype:	„BRIRO UV" Größe II
Sondereinrichtung:	Spezialprüfkopf, Spezialdiamanthalter
Prüfergebnis:	Ablesung an der Meßuhr 56
Schreibweise:	H_{vD} 56
Bemerkung:	Um die Prüfung an der inneren Schnittfläche des Rundmessers durchzuführen, ist der Prüfkopf stark verlängert. Der Meßanschlag sitzt auch hier seitlich vom Diamanten, damit die Prüfung möglichst nahe an der Schneidkante des Rundmessers vorgenommen werden kann.

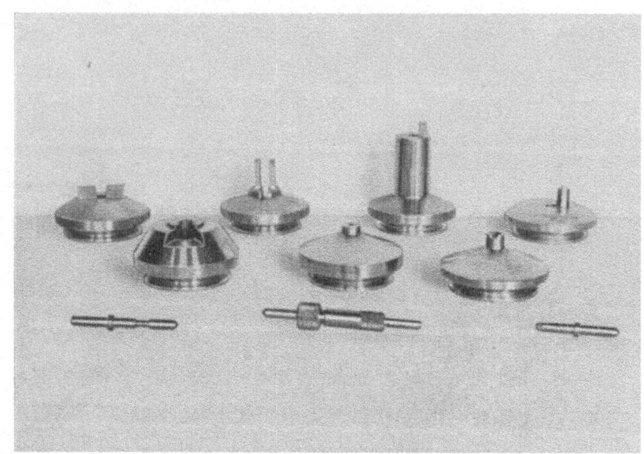

Abbildung 82 zeigt einen Satz Prüfköpfe sowie Spezialdiamanthalter.

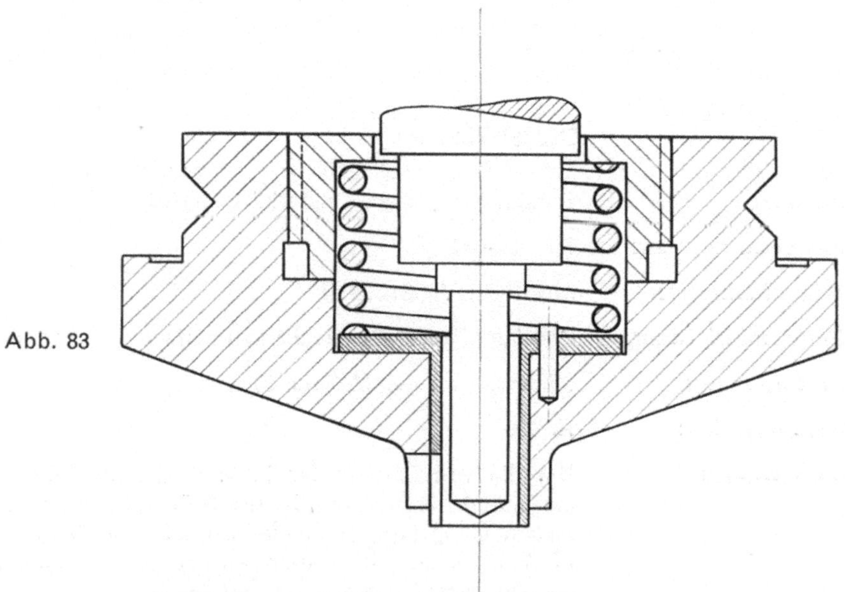

Abbildung 83 zeigt den Schnitt durch einen normalen Prüfkopf vom Härteprüfer „BRIRO UV". Aus diesem Prüfkopf ist die Wirkungsweise der Pufferbüchse, die den Diamanten gegen Schlag und Stoß schützt, zu entnehmen. Aus der Schnittzeichnung des Prüfkopfes ersieht man ferner, daß die Feder der Pufferbüchse mit der Prüfbelastung absolut nichts zu tun hat.

GRUPPE III. Die Vickersprüfung

Die Vickersprüfung wurde von England aus propagiert und hat auch in Deutschland und den übrigen Ländern viel Freunde gefunden. Die Vickersprüfung hat mit der Brinellprüfung sehr viel Ähnlichkeit. Beide haben gemeinsam, daß der erzeugte Eindruck mit Hilfe eines Mikroskopes ausgemessen wird. Der Entwurf zu einer Vornorm, der im Auftrag des Deutschen Verbandes für die Materialprüfung der Technik von Herrn Diplomingenieur und Abteilungsleiter R i c h t e r im Staatlichen Materialprüfungsamt, Berlin-Dahlem, in Übereinstimmung mit Herrn Diplomingenieur W. H e n g e m ü h l e, Essen, ausgearbeitet wurde und nachstehend mitgeteilt ist, behandelt die Härteprüfung nach Vickers eingehend.

Entwurf einer Vornorm für die Härteprüfung nach Vickers

DIN-Vornorm, DVM-Prüfverfahren A 133,   **Härteprüfungen nach Vickers**

Vorbemerkungen

Begriffsbestimmung:

1. Die Vickershärte oder Pyramidenhärte (H_p) eines Werkstoffes ist das Verhältnis der aufgewendeten Belastung P (in kg) und der Oberfläche O der eingedrückten vierseitigen Diamantpyramide (in mm²). Die erhaltene Härtezahl ist unabhängig von der Belastung.

Anwendungsbereich

2. Das Verfahren ist für fast alle Werkstoffe anwendbar und zeichnet sich hierbei durch nur unwesentliche Beschädigungen selbst bei kleinsten Prüfstücken aus. Es kann auch für sehr harte und sehr dünne Prüfstücke benutzt werden und eignet sich insbesondere für Härteprüfungen von Einsatz- und Nitrierschichten.

Proben

3. Die Prüffläche der Proben muß blank sein; das Zurichten muß so sorgfältig vorgenommen werden, daß jede Veränderung der Oberfläche durch Erwärmung oder Härtung vermieden wird.

4. In der Regel darf die Probe nicht dünner sein als ungefähr das 10fache der Eindringtiefe. (Eindringtiefe $=$ etwa $^1/_7$ der Eindruckdiagonale.) Auf keinen Fall darf auf der Unterseite der Probe nach dem Versuch eine Druckstelle sichtbar sein.

5. Bei runden Proben muß — falls Abschleifen der Oberfläche nicht zulässig — die Belastung des Diamanten so klein gewählt werden, daß der Einfluß der Rundung auf die Länge der Diagonale innerhalb 0,01 mm bleibt.

Prüfvorrichtung

6. Der Eindringkörper ist eine vierseitige Pyramide. Der Winkel zwischen zwei gegenüberliegenden Flächen beträgt 136°. Die Form soll optisch nachgeprüft sein. Die Abweichung von dem Sollwert darf nicht größer sein als $\pm\,20'$.

7. Die einwandfreie Oberflächenbeschaffenheit des Diamanten ist dauernd nachzuprüfen, am besten durch eine mikroskopische Beobachtung bei mittlerer Vergrößerung. Zeigen sich hierbei schadhafte Stellen, so ist der Diamant nachzuschleifen.

8. Der Diamant ist vor Stoß und Schlag zu schützen.

9. Die Diagonalen des Eindruckes sind optisch mit losen oder eingebauten Mikroskopen auszumessen. Die Mikroskope müssen $^1/_{1000}$ mm messen können.

10. Die Richtigkeit, Genauigkeit und Zuverlässigkeit der Lastanzeige muß DIN 1604 entsprechen.

Ausführung der Prüfung

11. Der Eindringkörper wird mit der Oberfläche des Prüfstückes senkrecht in Berührung gebracht.

12. Die Belastung ist stoß- und schwingungsfrei in etwa 15 Sekunden aufzubringen und in der Regel 30 Sekunden lang auf ihrem Höchstwert zu belassen. Entsprechend DIN 1605, Blatt 3 (Kugeldruckversuch), genügen für Stahl von $H \geqq 140$ kg/mm² 10 Sekunden, für stark fließende Stoffe (Blei, Zink, Lagermetalle usw.) ist eine längere Belastungsdauer zu wählen.

13. Der Abstand der Mitte zweier benachbarter Eindrücke oder der Mitte eines Eindruckes vom Rande der Probe soll im allgemeinen mindestens das 3fache der Diagonale betragen.

14. Die Länge der Diagonale E ist möglichst auf $^1/_{1000}$ mm auszumessen, bei Längen $E > 0,5$ mm genügt eine Meßgenauigkeit von $^1/_{100}$ mm. Maßgebend ist der Mittelwert aus beiden Diagonalen.

15. Die Oberfläche O des Eindruckes ergibt sich aus

$$O = \frac{E^2}{2 \cdot \cos 22°} = \frac{E^2}{1,8544}.$$

16. Die Vickershärte ist $H_p = \dfrac{P \cdot 1,8544}{E^2}$ (kg/mm²).

17. Die Härte ist bei Zahlen unter 25 mit einer Dezimalen, darüber in ganzen Zahlen anzugeben.

18. Die Vickershärte stimmt bis zu einer Härte von 300 kg/mm² vollkommen mit der Brinellhärte überein.

19. Zur Kennzeichnung der angewendeten Belastung ist zum Kurzzeichen H_p noch die Belastung anzufügen, z. B. für die Regelbelastung von 30 kg H_p 30.

Abb. 84

Abbildung 84 zeigt vier Vickerseindrücke. Eindruck 1 ist ein einwandfreier Vickerseindruck. Die Auswertung eines solchen Eindruckes in zwei Richtungen ist betriebsmäßig kaum erforderlich. Der Eindruck 2 ist schon etwas verzerrt. Die Prüfung kann noch als einwandfrei gelten, wenn die Diagonalen in beiden Richtungen ausgemessen werden. Eindruck 3 und 4 sind nicht mehr zulässig. Solche Eindrücke können beispielsweise auftreten, wenn die Prüflast entsprechend dem Durchmesser des Prüflings nicht richtig gewählt ist, oder auch, wenn eine Verschiebung des Prüflings während des Aufbringens der Prüflast eintritt. Die Prüfung muß in einem solchen Fall mit einer entsprechend kleinen Prüflast wiederholt, bzw. muß dafür gesorgt werden, daß der Prüfling während des Prüfvorganges keine Eigenbewegungen ausführen kann.

Für die Härteprüfung nach Vickers haben sich in den normalen Geräten folgende Belastungen eingeführt.

Tabelle der Belastungen

Prüfkörper Diamant-Pyramide 136°	Belastung P in kg						
	120	100	80	60	50	40	30
	20	10	5	4	3	2	1

Abb. 103 S. 131 zeigt die Prüfung von Werkstücken mit einer Vickershärte von 200 bis 900 mit den Belastungen 1—120 kg. Das Ergebnis dieser Versuchsreihe zeigt, daß die Vickershärte praktisch gleich ermittelt wird, ob mit 1 kg oder den dazwischenliegenden Belastungen bis 120 kg geprüft wird.

Als Normalbelastung für die Vickersprüfung werden im allgemeinen 30 kg angewandt. Die Vickersprüfung kann sowohl für das weichste Material als auch für gehärtetes Material angewandt werden. Es empfiehlt sich jedoch, um die klare Linie bei der Härteprüfung einzuhalten, Härteprüfungen nach Vickers bei weichem Material nur dann auszuführen, wenn aus irgendeinem Grunde die Brinellprüfung nicht mehr durchführbar ist.

Die Vickersprüfung hat gegenüber der Brinellprüfung dann den Vorzug, wenn Brinellhärten über 450 kg/mm² erwartet werden. Der Pyramiddiamant von 136°, der sehr genau geschliffen sein muß, ist natürlich im Preise nicht so billig wie die normalen, bei der Brinellprüfung zur Verwendung kommenden Brinellkugeln. Zudem kann die genaue Größe der Brinellkugeln jederzeit mit Hilfe einer genauen Mikrometerschraube nachgeprüft werden.

Auf Seite 137 sind die Mindeststärken der Werkstoffproben bei der Vickersprüfung angegeben.

Zur Ausführung der Vickersprüfung stehen zur Verfügung:

1. Härteprüfmaschine „BRIVISKOP 187,5"
2. Härteprüfmaschine „BRIVISKOP 250"
3. Härteprüfmaschine „BRIVISKOP 3000"
4. Härteprüfmaschine „BRIVISKOP 115"
5. Härteprüfmaschine „BRIVISKOP 121"
6. Härteprüfmaschine „BRIVISOR 3000"
7. Härteprüfmaschine „BRIVISOR 250"
8. Härteprüfmaschine „BRIVISOR 62,5"

Die Härteprüfmaschinen „BRIVISKOP" und „BRIVISOR" sind, wie schon unter der Gruppe „Härteprüfmaschinen zur Ausführung des Kugeldruckversuches nach Brinell" angeführt, die idealen Maschinen zur Durchführung der Vickersprüfung. Die Maschinen sind unter Gruppe I beschrieben.

Die Härteprüfung nach Vickers kann selbstverständlich auch in einer Brinellpresse, die den Belastungen der Vickersprüfung entspricht, ausgeführt werden, wenn der erzeugte Eindruck außerhalb der Maschine mit Hilfe eines genauen Mikroskopes ausgemessen wird. Die Auswertung von Vickerseindrücken mit Toleranzstrichplatten auf „Gut" und „Ausschuß" erfolgt, wie auf S. 34 ausgeführt.

Prüfbeispiele

In nachfolgenden Prüfbeispielen wird an Hand der „BRIVISKOP"- und „BRIVISOR"-Maschinen gezeigt, welche Art von Prüfungen nach Vickers ausführbar ist. Den Prüfbeispielen sind, wie bei der Brinell- und Vorlasthärteprüfung, Erläuterungen beigegeben.

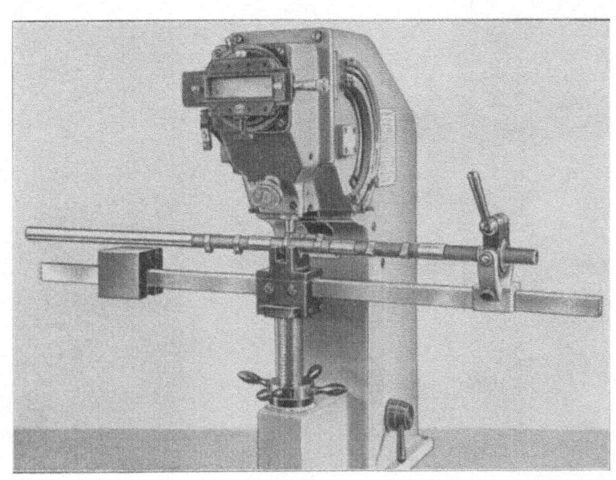

Abb. 85

PRÜFBEISPIEL 85

Prüfling: Nockenwelle, Spezialmaterial gehärtet

Prüfbedingungen: $H_{\mu\,20/2}$ 750—820

Maschinentype: ,,BRIVISKOP 187,5"

Sondereinrichtung: Spezialeinrichtung zum Prüfen von Nockenwellen

Prüfergebnis: Länge der Diagonale 0,214

Schreibweise: $H_{p\,20/2}$ 810

Bemerkung: Für die Prüfung der Nockenwellen wird vielfach auch die Vickersprüfung angewandt. Wird nur mit kleiner Prüflast, beispielsweise 20 kg, geprüft, so ist die Beschädigung der Nockenwelle sehr gering. Mit Hilfe der abgebildeten Vorrichtung kann die Nockenwelle über den ganzen Umfang auf Vickershärte untersucht werden.

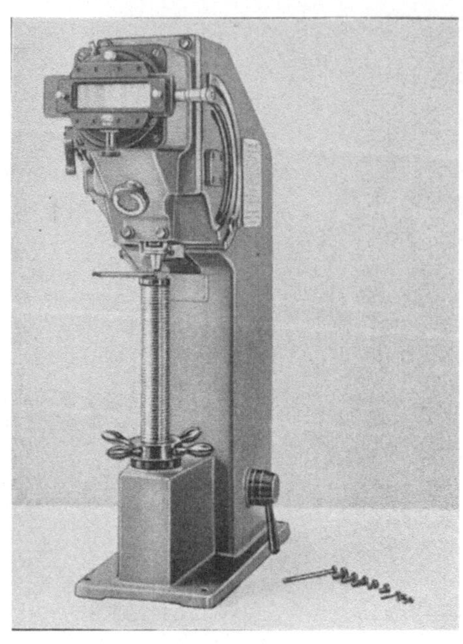

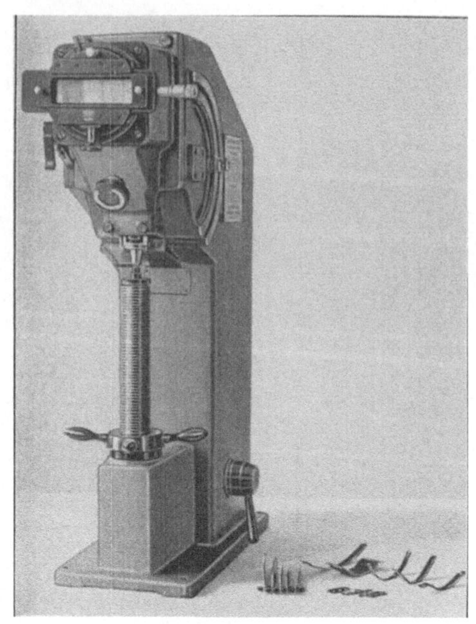

Abb. 86 Abb. 87

PRÜFBEISPIEL 86

Prüfling:	Kopfschraube vergütet
Prüfbedingungen:	$H_{p\ 50/10}$ 420—450
Maschinentype:	„BRIVISKOP 187,5"
Sondereinrichtung:	Hilfsauflage zur Unterstützung der Schraube
Prüfergebnis:	Länge der Diagonale 0,46 mm
Schreibweise:	$H_{p\ 50/10}$ 438
Bemerkung:	Zur Untersuchung der Schraube wird unter den zylindrischen Teil derselben eine Hilfsauflage geschoben.

PRÜFBEISPIEL 87

Prüfling:	Rasiermesser 0,1 mm stark
Prüfbedingungen:	$H_{p\ 2/2}$ 750—800
Maschinentype:	„BRIVISKOP 187,5"
Sondereinrichtung:	Zwischenauflage für den Prüfling
Prüfergebnis:	Länge der Diagonale 0,069 mm
Schreibweise:	$H_{p\ 2/2}$ 779
Bemerkung:	Aus der Tabelle „Mindeststärken der Werkstoffproben bei der Vickersprüfung" Seite 137 wird die Prüfbelastung bei einer Stärke von 0,1 mm und einer zu erwartenden Vickershärte von ca. 800 entnommen.

Abb. 88

PRÜFBEISPIEL 88

Prüfling:	Stahldraht 2 mm Durchmesser
Prüfbedingungen:	$H_{p\ 5/10}$ 220—240
Maschinentype:	„BRIVISKOP 187,5"
Sondereinrichtung:	Einstellbares Prisma
Prüfergebnis:	Länge der Diagonale 0,20 mm
Schreibweise:	$H_{p\ 5/10}$ 232
Bemerkung:	Der Durchmesser des Drahtes ist für Brinellprüfung zu klein. Bei der Vickersprüfung mit 5 kg Prüflast ist noch ein einwandfreies Ergebnis zu erwarten.

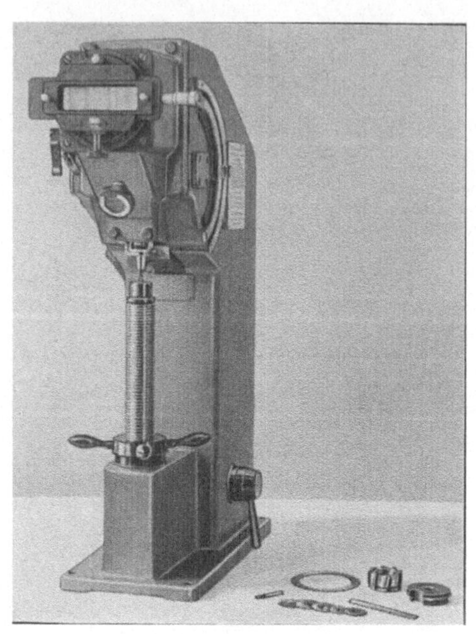

Abb. 89

PRÜFBEISPIEL 89

Prüfling: Kleiner Formfräser

Prüfbedingungen: $H_{p\ 10/2}$ 730—810 = 61—64 H_{vD}

Maschinentype: „BRIVISKOP 187,5"

Sondereinrichtung: Hilfsauflage zum Einsetzen des Fräsers

Prüfergebnis: Länge der Diagonale 0,154 mm

Schreibweise: $H_{p\ 10/2}$ 782 = 63 H_{vD}

Bemerkung: Der Formfräser hat an der Spitze einen Durchmesser von 1,5 mm. Die Oberfläche des Fräsers kann in der Mattscheibe beobachtet werden, so daß der Eindruck ziemlich genau auf Mitte Fräser kommt. Die Prüfbelastung darf bei solch delikaten Prüfungen nicht zu hoch gewählt werden. Aus S. 197 ist zu entnehmen, daß eine Vickershärte von 730—810 einer Vorlasthärte von 61—64 entspricht.

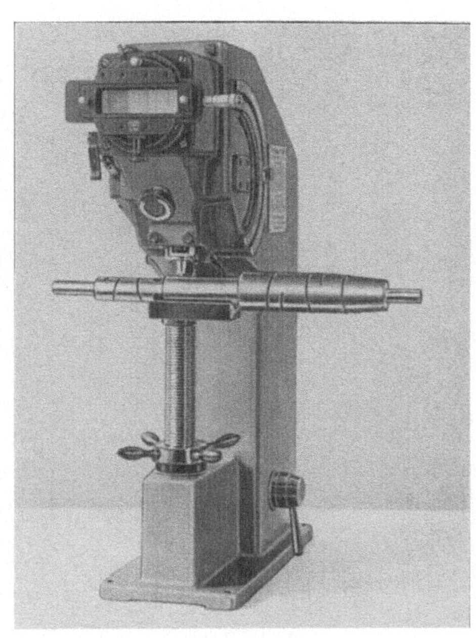

Abb. 90

PRÜFBEISPIEL 90

Prüfling: Spindel einer Werkzeugmaschine, Nitrierstahl, Nitriertiefe 0,3 mm

Prüfbedingungen: $H_{p\ 30/2}$ 950—1050

Maschinentype: „BRIVISKOP 187,5"

Sondereinrichtung: Langes Prisma zum Auflegen der Welle

Prüfergebnis: Länge der Diagonale 0,238 mm

Schreibweise: $H_{p\ 30/2}$ 980

Bemerkung: Die Welle wird auf ein langes Prisma gelegt und, da die Welle überhängt, die Einspannung auf stark gestellt. In der Tabelle „Vickersprüfung" bei der Abhandlung „Prüfung von einsatzgehärteten und nitrierten Werkstücken" ist für die Nitriertiefe von 0,3 mm und eine Vickershärte H_p ca. 950 die Prüfbelastung 30 kg angegeben (s. Seite 137).

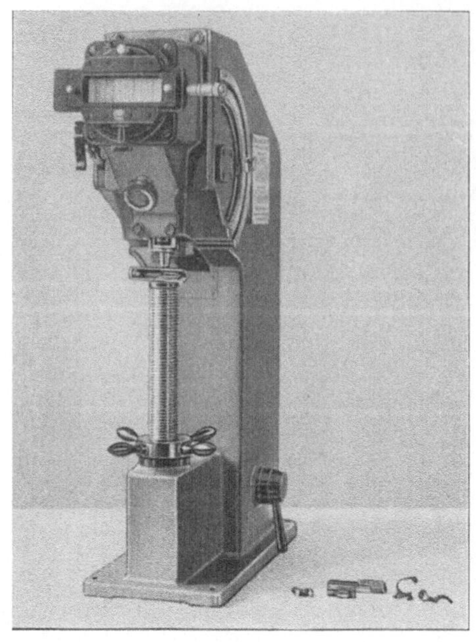

Abb. 91

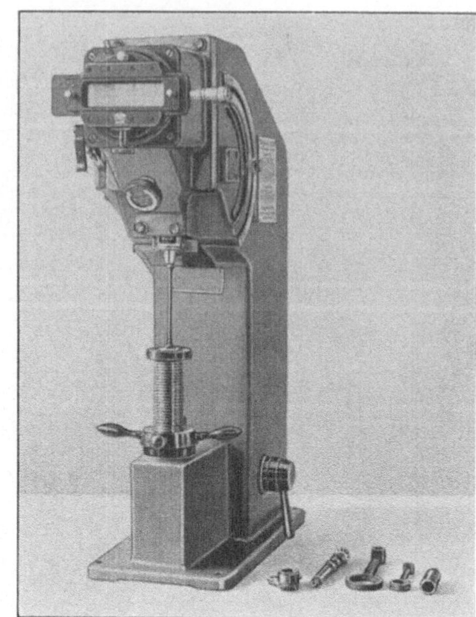

Abb. 92

PRÜFBEISPIEL 91

Prüfling:	Revolverteil, Einsatzmaterial, Einsatztiefe 0,4—0,5 mm
Prüfbedingungen:	$H_{p\ 30/2}$ 710—832 $= H_{vD}$ 60—65
Maschinentype:	„BRIVISKOP 187,5"
Sondereinrichtung:	—
Prüfergebnis:	Länge der Diagonale 0,264 mm
Schreibweise:	$H_{p\ 30/2}$ 798 $= H_{vD}$ 63,5
Bemerkung:	Auf S. 128 „Vickersprüfung" im Abschnitt „Prüfung von einsatzgehärteten und nitrierten Werkstücken" ist bei einer Einsatztiefe von 0,4—0,5 mm und einer zu erwartenden Vickershärte von 700—820 die Prüfbelastung von 30 kg angegeben. Aus S. 197 ist zu entnehmen, daß eine Vickershärte von 710—832 einer Vorlasthärte von 60—65 entspricht.

PRÜFBEISPIEL 92

Prüfling:	Ventilstößel, Spezialmaterial durchgehärtet
Prüfbedingungen:	$H_{p\ 30/2}$ 330—350
Maschinentype:	„BRIVISKOP 187,5"
Sondereinrichtung:	—
Prüfergebnis:	Länge der Diagonale 0,41 mm
Schreibweise:	$H_{p\ 30/2}$ 330
Bemerkung:	Der Ventilstößel wird zweckmäßig mit kleiner Prüflast untersucht, um Gefügezerstörung zu vermeiden.

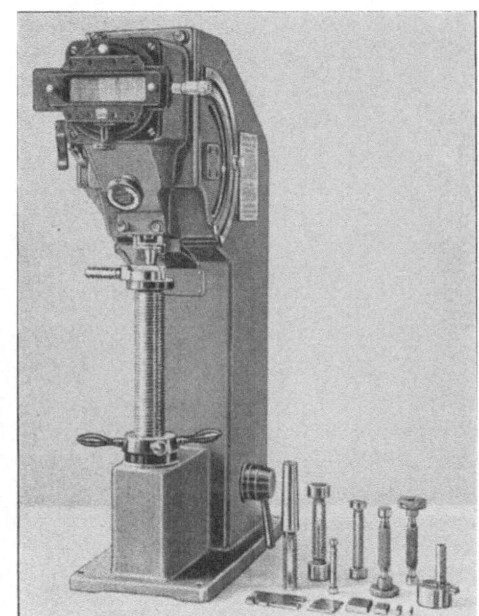

Abb. 93   Abb. 94

PRÜFBEISPIEL 93

Prüfling:	Kugel für Kugellager, Spezialstahl
Prüfbedingungen:	$H_{p\ 10/2}$ 720—820 = H_{vD} 60,5—64,5
Maschinentype:	„BRIVISKOP 187,5"
Sondereinrichtung:	Spezialauflage für die Kugeln
Prüfergebnis:	Länge der Diagonale 0,154 mm
Schreibweise:	$H_{p\ 10/2}$ 782 = H_{vD} 63
Bemerkung:	Die Kugel wird mit Prüflast von 10 kg geprüft, da der Prüfling so wenig wie möglich beschädigt werden soll; mit der Prüfbelastung von 10 kg ist gleichzeitig der Einfluß der Flächenkrümmung der Kugel ausgeschaltet.

PRÜFBEISPIEL 94

Prüfling:	Lehrenteil, einsatzgehärtet, Einsatztiefe 0,4—0,5 mm
Prüfbedingungen:	$H_{p\ 10/2}$ 700—820
Maschinentype:	„BRIVISKOP 187,5"
Sondereinrichtung:	—
Prüfergebnis:	Länge der Diagonale 0,152 mm
Schreibweise:	$H_{p\ 10/2}$ 803
Bemerkung:	Obgleich die Lehre 0,4—0,5 mm stark eingesetzt ist, also nach Vickers mit einer Prüflast von 30 kg geprüft werden könnte, wird die Lehre trotzdem höchstens mit einer Prüflast von 10 kg nach Vickers geprüft. Die Meßflächen der Lehre dürfen praktisch nicht beschädigt werden; eine Prüflast über 10 kg kommt deshalb nicht in Frage.

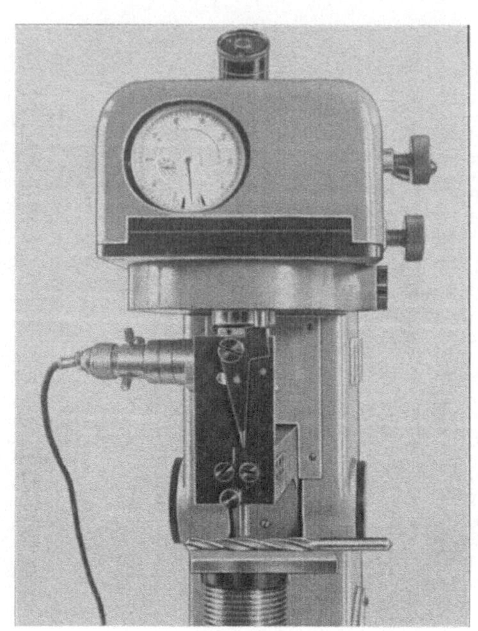

Abb. 95

PRÜFBEISPIEL 95

Prüfling:	Spiralbohrer, gehärtet
Prüfbedingungen:	$H_{p\ 30/2}$ 750—840
Maschinentype:	,,BRIVISOR 62,5''
Sondereinrichtung:	Prisma zur Auflage des Spiralbohrers
Prüfergebnis:	Länge der Diagonale 0,260 mm
Schreibweise:	$H_{p\ 30/2}$ 822
Bemerkung:	Zur Untersuchung der Spiralbohrer, Reibahlen auf Vickershärte sind Spezialprismen erforderlich. Die Prismen müssen entsprechend dem Drall des Werkzeuges so lang sein, daß das Werkzeug einwandfrei im Prisma festliegt. Die Spiralbohrer- und Reibahlenprüfung auf den Facetten ist eine der schwierigsten Prüfungen. Mit einiger Übung kann jedoch für genaue Prüfresultate garantiert werden.

Abb. 96

PRÜFBEISPIEL 96

Prüfling: Waffenteil, einsatzgehärtet, Einsatztiefe 0,4—0,5 mm

Prüfbedingungen: $H_{p\ 50/2}$ 820—870

Maschinentype: ,,BRIVISOR 250''

Sondereinrichtung: Schraubstock

Prüfergebnis: Länge der Diagonale 0,332 mm

Schreibweise: $H_{p\ 50/2}$ 841

Bemerkung: Das Waffenteil soll im brünierten Zustande der Härteprüfung unterzogen werden. Dafür ist die Härteprüfmaschine ,,BRIVISOR'' geeignet, weil die Optik dieser Maschine keine polierte Oberfläche voraussetzt. Das Teil könnte anstatt brüniert auch sandstrahlbehandelt sein. Die Vickersprüfung ist deshalb trotzdem noch einwandfrei durchführbar.

Abb. 97

PRÜFBEISPIEL 97

Prüfling: Zahnrad, einsatzgehärtet, Einsatztiefe ca. 0,6 mm

Prüfbedingungen: $H_{p\ 30/2}$ 750—850

Maschinentype: „BRIVISOR 250"

Sondereinrichtung: Vorrichtung für die Lagerung des Zahnrades, Spezialdiamant zum Einfahren in die Zahnflanken

Prüfergebnis: Länge der Diagonale 0,262 mm

Schreibweise: $H_{p\ 30/2}$ 810

Bemerkung: Obgleich das Zahnrad 0,6 mm stark eingesetzt ist, also nach Vickers mit einer Prüflast von 50 kg geprüft werden könnte, wird das Zahnrad zweckmäßig nur mit einer Prüflast von 30 kg nach Vickers geprüft, um eine wesentliche Beschädigung des Zahnrades zu verhindern.
Die Vorrichtung für die Aufnahme des Zahnrades soll ein Beispiel darstellen. Je nach Zahnradform wird die Vorrichtung entsprechend ausgebildet werden müssen.

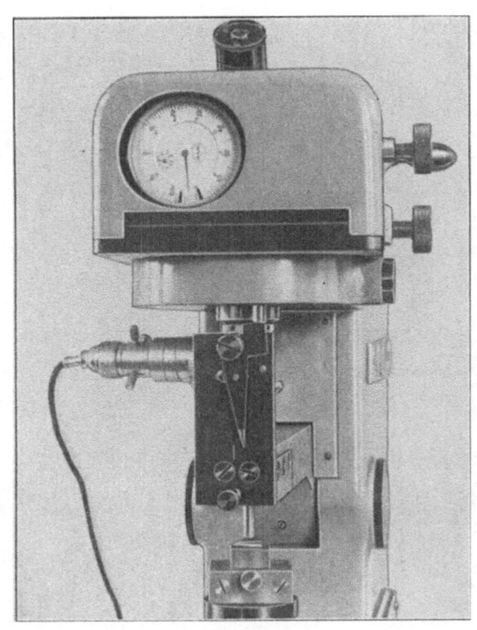

Abb. 98

PRÜFBEISPIEL 98

Prüfling:	Spitze, durchgehärtet, 6 mm ϕ
Prüfbedingungen:	$H_{p\ 20/2}$ 800—850
Maschinentype:	„BRIVISOR 62,5"
Sondereinrichtung:	Hilfsauflage
Prüfergebnis:	Länge der Diagonale 0,213 mm
Schreibweise:	$H_{p\ 20/2}$ 820
Bemerkung:	Da die Spitze einen verhältnismäßig kleinen Durchmesser hat, ist die Anwendung einer Prüflast über 20 kg hinaus nicht empfehlenswert. Der Einfluß der Flächenkrümmung auf das Prüfresultat würde sonst zu groß. Wenn die Spitzen in großen Mengen anfallen, ist die Anwendung der Toleranzstrichplatte empfehlenswert.

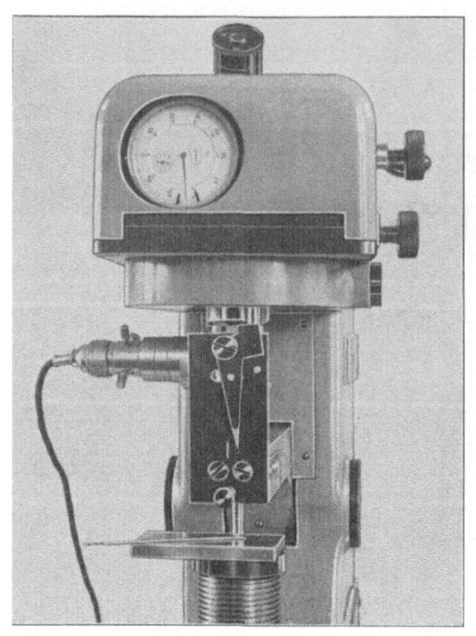 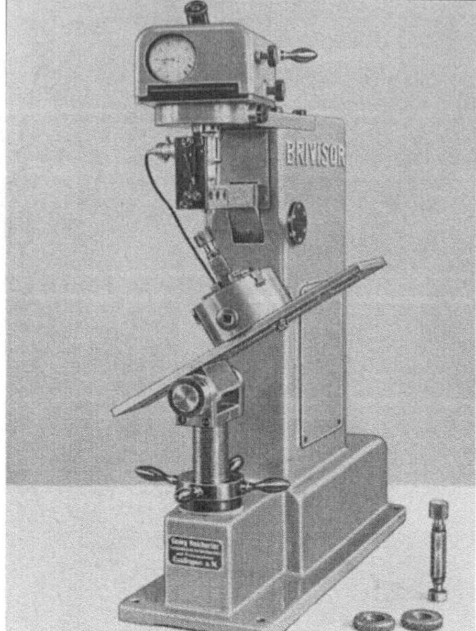

Abb. 99   Abb. 100

PRÜFBEISPIEL 99

Prüfling:	Textilnadeln, Spezialmaterial, 0,4—0,5 mm stark
Prüfbedingungen:	$H_{p\ 30/2}$ 525—620
Maschinentype:	„BRIVISOR 62,5"
Sondereinrichtung:	Auflage für die Textilnadeln
Prüfergebnis:	Länge der Diagonale 0,328
Schreibweise:	$H_{p\ 30/2}$ 517
Bemerkung:	Die Textilnadeln haben eine Stärke von 0,4—0,5 mm. Aus den Mindeststärken der Werkstoffproben bei der Vickersprüfung ist die Prüfbelastung für die Stärke von 0,4—0,5 mm zu ermitteln. Da die Textilnadeln eine H_p von ca. 500 haben sollen, wird die Prüfbelastung mit 30 kg ermittelt.

PRÜFBEISPIEL 100

Prüfling:	Gewindelehre, einsatzgehärtet, Einsatztiefe 0,3—0,4 mm
Prüfbedingungen:	$H_{p\ 10/2}$ 700—820
Maschinentype:	,,BRIVISOR 250''
Sondereinrichtung:	Vorrichtung zum Schwenken der Gewindelehre
Prüfergebnis:	Länge der Diagonale 0,154 mm
Schreibweise:	$H_{p\ 10/2}$ 782
Bemerkung:	Prüflast 10 kg. Es wird eine Prüflast von 10 kg angenommen, um die Lehre nicht zu beschädigen. Die Gewindelehre kann in dem ersten Gang auf Härte geprüft werden. Die Schwenkvorrichtung ist auch für andere Prüflinge vorteilhaft anwendbar.

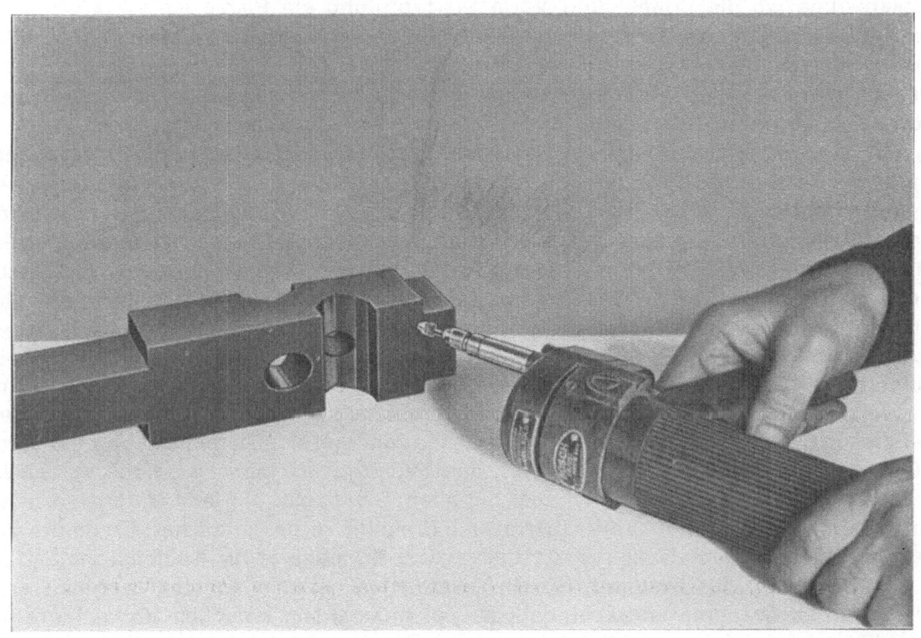

Abb. 101

Die Prüflinge, die von der Härterei kommen und auf Härte nach Vickers untersucht werden sollen, werden praktisch mit einer kleinen Handschleifmaschine angeschliffen. Dabei ist es nicht erforderlich, daß eine ganze Fläche angeschliffen wird, sondern es genügt das punktweise Anschleifen des Prüflings, wie obenstehende Abbildung zeigt. Der angeschliffene Punkt des Prüflings wird unter die Optik geführt, der Anschliffpunkt des Prüflings ist auf der Mattscheibe mit großer Deutlichkeit erkennbar. In dem so vorbereiteten Prüfling ist die Härteprüfung nach Vickers mit gleicher Genauigkeit durchzuführen, wie wenn der Prüfling vollkommen plan geschliffen wäre.

117

Beurteilung der Prüfmethoden

Für den Betriebsmann stehen zur Prüfung von Stahl und Nichteisenmetallen 3 Prüfarten zur Verfügung:

1. Der Kugeldruckversuch nach Brinell

2. Die Vorlasthärteprüfung (Rockwellprüfung)

3. Die Vickersprüfung.

Der Betriebsmann muß für die Eigenart seines Betriebes entscheiden, ob er sich auf den Kugeldruckversuch nach Brinell und auf die Vickersprüfung, oder auf den Kugeldruckversuch nach Brinell und auf die Rockwellprüfung festlegen will. Bei entsprechend großen Betrieben wird die Anwendung sämtlicher 3 Prüfmethoden erforderlich erscheinen. Nachstehend soll versucht werden, herauszuschälen, wo die Brinell- und Vickers- und wo die Brinell- und Vorlasthärteprüfung am Platze ist.

Bei der Beurteilung, welche Prüfmethode die richtigere ist, muß man auseinanderhalten, daß bei dem Kugeldruckversuch nach Brinell und bei dem Vickersversuch der Durchmesser bzw. die Länge der Diagonale des erzeugten Eindruckes ausgemessen, bei der Vorlasthärteprüfung (Rockwellversuch) aber die Tiefe bestimmt wird. Nach Abb. 105 S. 133 ist $d = 6\text{—}7\,t$, d. h. bei der Bestimmung des Durchmessers bzw. der Diagonale d wird der 7mal größere Meßwert ausgemessen gegenüber der Bestimmung der Tiefe t. In der Abb. 105 ist in der Abszisse die Vickers- bzw. Brinellhärte aufgetragen, in der Ordinate die Eindruckabmessungen in $^1/_{10}$ mm. Wenn man die Kurve 1,25-mm-Kugel, $P = 15{,}6$ kg Ausmessen des Durchmessers d und die Kurve 1,25-mm-Kugel, $P = 15{,}6$ Tiefenmessung (t) miteinander vergleicht, so fällt, wie auch bei dem Vergleich zwischen Diamantpyramide 136°, $P = 5$ kg Tiefenmessung (t) auf, daß die Kurven, Ausmessen des Durchmessers d bzw. das Ausmessen der Diagonale d, viel steiler verlaufen als die Kurven der Tiefenmessung. Es liegt also ganz klar, daß das Ausmessen des Durchmessers d immer zu genaueren Werten führen muß als die Bestimmung der Tiefe.

Bei dieser Betrachtung ist außer acht gelassen, daß bei der Tiefenmessung der Randwulst je nach Material verschieden ist, das Prüfergebnis sich also noch verschiebt. In dieser Beziehung hat man sich aber geholfen, indem man für jede Materialsorte den Zusammenhang zwischen Vorlasthärte und Brinellhärte bestimmt hat. Es mußte also der Zusammenhang zwischen Vorlasthärte und Brinellhärte für Kohlenstoffstahl, für Chromnickelstahl, für Grauguß, für Nichteisenmetall usw. festgestellt werden.

Unbedingt zu beachten ist dabei, daß der Zusammenhang zwischen Vorlasthärte und Brinellhärte empirisch ermittelt ist und den Niederschlag von Versuchswerten verschiedener Institute darstellt. Die Zeichnungen, in denen der Zusammenhang zwischen Vorlasthärte und Brinellhärte aufgeführt ist, tragen deshalb auch den Vermerk:

„Wenn an Genauigkeit die höchsten Anforderungen gestellt werden müssen, empfiehlt es sich, von Fall zu Fall für den gerade vorliegenden Werkstoff besondere Richtwerte festzulegen." In der Abb. 102 ist dargestellt, wie der Zusammenhang zwischen Brinellhärte und Rockwellhärte gefunden wird. Es ist daraus zu entnehmen, daß mit einer gewissen Streuung gerechnet werden muß.

Beim Ausmessen des Eindruckes fallen diese Schwierigkeiten weg, und es wird aus einer Tabelle, die in Abhängigkeit von Prüfkörper und Prüfbelastung aufgestellt ist, für alle Materialsorten sofort die Brinellhärte abgelesen.

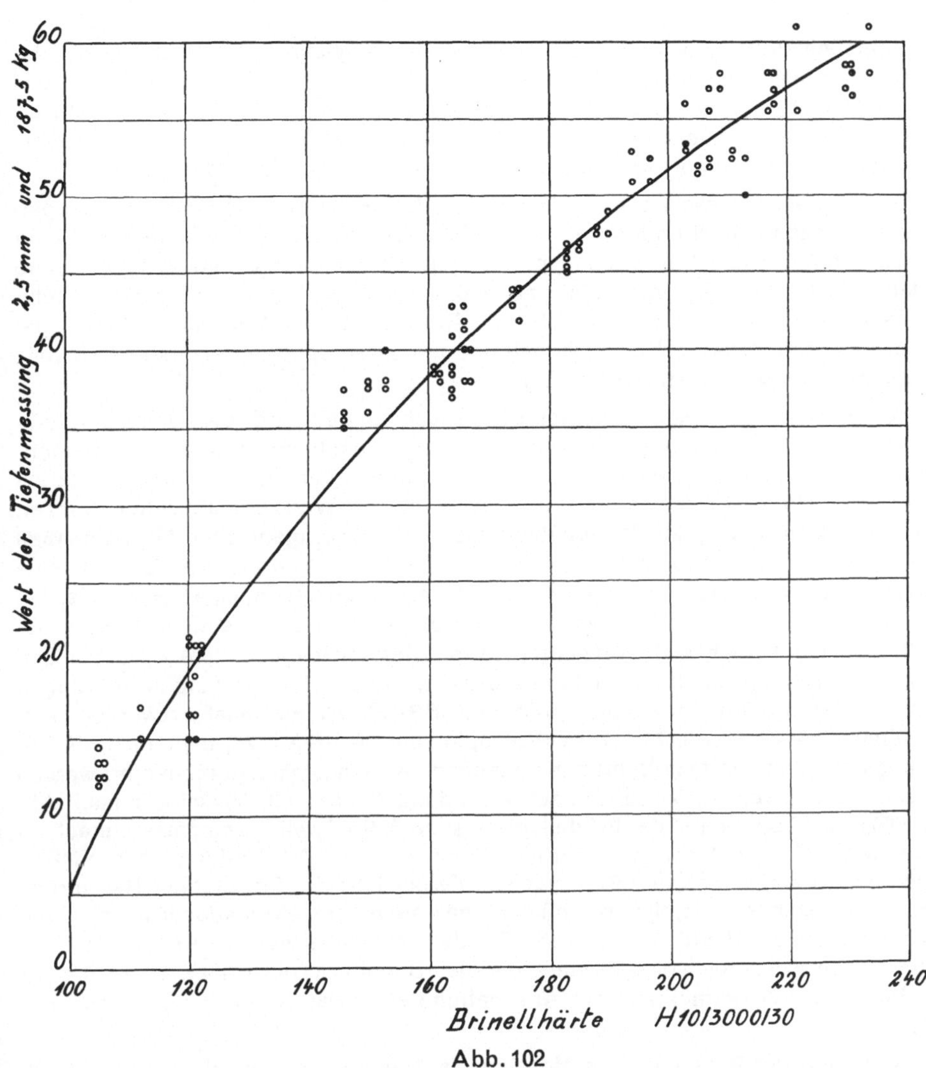

Abb. 102

In der Abb. 106 S. 134 ist die Brinellhärte H_n in Beziehung zur Eindringtiefe für Belastungen bis 150 kg aufgetragen. Aus diesem Bild ist zu entnehmen, daß die Anwendung der Vorlasthärte praktisch bei einer Hauptlast von 30 kg ihr Ende finden muß. Schon bei dieser Last ist der Kurvenverlauf derartig flach, daß Unterschiede in der Brinellzahl kaum mehr zu erkennen sind. Dies ist der Grund dafür, daß die Vorlasthärteprüfung mit kleinen Prüflasten nur als Übergangserscheinung angesehen werden kann. Ein weiterer Vorteil der Brinell- und Vickersprüfung ist, daß die Ausmessung des Eindruckdurchmessers bzw. der Eindruckdiagonale nicht so unbedingt an die Prüfmaschine gebunden ist wie die Messung der Eindringtiefe. Durchmesser und Diagonale können außerhalb der Maschine im Bedarfsfalle Tage und Wochen nach Durchführung der eigentlichen Prüfung ausgemessen werden. Die Möglichkeit der Nachkontrolle ist also bei der Brinell- und Vickersprüfung größer als bei der Vorlasthärteprüfung. Beachtung verdient auch der Umstand, daß die bei der Brinell- und Vickersprüfung erzeugten Eindrücke ein Abbild des Prüfkörpers, der Prüfkugel bzw. des Diamanten geben, an dem der Prüfende sofort erkennt, ob der Prüfkörper noch in Ordnung ist.

Auf Grund dieser Tatsachen muß man sich darüber klar sein, daß der Kugeldruckversuch nach Brinell und die Vickersprüfung gegenüber der Vorlasthärteprüfung (Rockwellprüfung) große Vorteile haben. Die Vorteile der Brinell- und Vickersprüfung sind dadurch noch größer geworden, daß heute zur Durchführung dieser Versuche die Härteprüfmaschinen „BRIVISKOP" und „BRIVISOR" zur Verfügung stehen, bei denen der Kugeldruckversuch nach Brinell und die Vickersprüfung ebenso rasch vonstatten geht wie die Vorlasthärteprüfung.

Trotz der Vorteile des Kugeldruckversuchs nach Brinell und der Vickersprüfung hat die Vorlasthärteprüfung (Rockwellprüfung) auch heute noch ihre volle Berechtigung. Es trifft dies ganz besonders für die Rockwellprüfung mit dem Diamanten und 62,5 und 150 kg Prüfbelastung zu. Sowohl in der Werkzeugfabrikation (Fräser, Sägen, Reibahlen usw.), im Motorenbau, als auch im allgemeinen Maschinenbau ist die Mehrzahl der Prüflinge durchgehärtet oder hat doch mindestens eine Einsatzschicht, die für die Rockwellprüfung vollkommen ausreicht, ja, es gibt Teile, bei denen man auf die Anwendung der Rockwellprüfung nach dem heutigen Stande der Technik überhaupt noch nicht verzichten kann. Dies ist insbesondere auch der Fall bei der Innenprüfung. Damit soll nicht gesagt sein, daß die Härteprüfung in Bohrungen nur mit den Härteprüfern „BRIRO IN", „INV" und „BRIRO 2 IN" durchgeführt werden kann. Die Prüfbeispiele 62, 64, 68, 73 zeigen Prüfköpfe zum „BRIRO UV", bei denen die Bestimmung der Vorlasthärte in Bohrungen mit höchster Genauigkeit durchgeführt werden kann. Die Prüfung von Kurbelwellen nach Abbildung 79 oder der Werkstücke nach Abbildung 60 und Abbildung 71 der Prüfbeispiele ist nach Rockwell mit einem entsprechenden Sonderprüfkopf mit geringen Mitteln durchzuführen. Die Prüfung nach Vickers dagegen würde einige Schwierigkeit machen. Ferner ist z. B. der tragbare Härteprüfer „BRIRO 2" für solche Teile, die so groß sind, daß sie nicht mehr stationär geprüft werden können, außerordentlich praktisch. Da der Vorlasthärteprüfer (Rockwellprüfer) sich im Preise wesentlich billiger stellt als der Brinell-Vickers-Prüfer, so wird auch dieser Punkt bei der Betrachtung der Anschaffung einer Härteprüfmaschine eine Rolle spielen.

Die Anwendung der Brinell-Vickers-Maschine läßt sich gegenüber dem Vorlasthärteprüfer (Rockwellprüfer) wie folgt abgrenzen:

1. Wenn in der Hauptsache geglühter Stahl, Grauguß und Nichteisenmetalle auf Härte untersucht werden sollen, so hat der Brinell-Vickers-Prüfer deshalb größere Vorteile, weil die Auswertung des Prüfergebnisses nur noch auf Grund einer Tabelle erfolgt, die in Abhängigkeit von Prüfkörper und Prüfbelastung aufgestellt ist. Ferner ist der Brinell-Vickers-Prüfer notwendig, wenn die Prüflinge so dünn werden, daß kleinere Belastungen und kleinere Kugeldurchmesser notwendig sind.

2. Bei Prüfung von Stahl in gehärtetem Zustande ist die Vickersprüfung in folgenden Fällen unbedingt erforderlich:

a) Wenn die Werkstücke unter 0,4 mm stark sind. Einsatzschichten von 0,3 oder 0,4 mm Stärke und darunter sind nach Rockwell nur noch mit sehr bedingter Genauigkeit zu prüfen.

b) Teile, die durchgehärtet sind oder eine Einsatzschicht haben, die über 0,4 mm liegt, können, wenn sie nur sehr wenig beschädigt werden dürfen, nicht mehr der Vorlasthärteprüfung unterzogen werden, z. B. Meßwerkzeuge (Beschädigung der Meßfläche), Motorenteile (Ventilstößel, Kolbenbolzen) usw. Auch gibt es Teile, die wegen der Gefahr des Dauerbruches nur mit einem sehr kleinen Eindruck versehen werden dürfen, der ohne weiteres mit dem Ölstein wieder entfernt werden kann. Ein weiteres Beispiel für die Anwendung geringer Prüflasten ist z. B. der Schlagbolzen an der Waffe. Wenn dieser Schlagbolzen mit 150 kg oder auch nur 62,5 kg auf Rockwellhärte untersucht wird, so ist durch den Eindruck das Gefüge an der Spitze des Schlagbolzens beträchtlich zerstört. Die Folge davon ist, daß beim Arbeiten des Schlagbolzens in der Waffe, von dem erzeugten Diamanteindruck herrührend, Risse ausgehen, die zur Zerstörung des Schlagbolzens führen. Wird dieses Teil nur mit sehr geringer Prüflast, z. B. 10 kg, nach Vickers geprüft, so ist der Eindruck minimal, und er kann ohne große Mühe mit Hilfe des Ölsteines wieder entfernt werden.

c) Wenn Teile von sehr kleinem Durchmesser oder sehr kleinen Radien geprüft werden sollen, ist es erforderlich, daß eine sehr geringe Prüfbelastung und deshalb Brinell- bzw. Vickersprüfung angewandt wird.

3. Bei der Prüfung von Röhren und Hülsen ist die Anwendung kleiner Prüflasten erforderlich. Kleine Prüflasten bedingen aber die Brinell- oder Vickersprüfung.

4. Bei der Prüfung von plattiertem Material und

5. bei der Prüfung von verchromten Teilen usw. ist Brinell- bzw. Vickersprüfung ebenfalls notwendig.

Der Vorlasthärteprüfer (Rockwellprüfer) ist dann am Platze:

1. Wenn bei der Prüfung von geglühtem Stahl, Grauguß oder Nichteisenmetall die Anwendung von Tabellen, die neben dem Prüfkörper und der Belastung dem zu prüfenden Werkstoff, z. B. Kohlenstoffstahl, Chromnickelstahl, Grauguß usw., entsprechen müssen, nicht prüferschwerend erscheint.

2. Wenn Teile aus Stahl, die vollkommen durchgehärtet sind bzw. eine Einsatzschicht haben, die über 0,4 mm liegt, geprüft werden sollen.

3. Wenn Härteprüfungen in Bohrungen vorgenommen werden müssen.

4. Wenn die Form der Prüflinge die Rockwellprüfung erfordert.

5. Wenn der Anschaffungspreis eine ausschlaggebende Rolle spielt.

Eintragung der Prüfvorschriften in die Konstruktionszeichnungen

Aus der Konstruktionszeichnung muß hervorgehen, nach welcher Prüfmethode das Konstruktionsteil auf Härte untersucht werden soll. Es ist dabei notwendig, daß man sich einheitlicher Kurzzeichen bedient. Die Kurzzeichen für den Kugeldruckversuch nach Brinell, die Vorlasthärteprüfung (Rockwellprüfung) und die Vickersprüfung sind nachstehend aufgeführt.

KUGELDRUCKVERSUCH NACH BRINELL

Kurzzeichen:

$H_{10/3000/30}$ oder H_n

$H_{10/1000/15}$

$H_{1,25/15,6/30}$

Spalte 1 bedeutet Kugeldruckversuch nach Brinell,
Spalte 2 drückt den Kugeldurchmesser,
Spalte 3 die Prüfbelastung und
Spalte 4 die Belastungsdauer aus.

Erklärung der Spalten:

H	10	3000	30	
Spalte 1	Spalte 2	Spalte 3	Spalte 4	also $H_{10/3000/30}$

Beim Regelversuch $H_{10/3000/30}$ kann nach DIN 1605 das Kurzzeichen H_n benützt werden.

VORLASTHÄRTEPRÜFUNG (ROCKWELLPRÜFUNG)

Kurzzeichen:

$H_{v\ 2,5/62,5}$

$H_{v\ 2,5/187,5}$

$H_{v\ 1/16''/100}$

$H_{v\ 5/750}$

$H_{v\ 10/3000}$

$H_{vD\ 150}$ oder H_{vD}

$H_{vD\ 45}$

Spalte 1 bedeutet Vorlasthärteprüfung, und zwar H_v Kugelprüfung, H_{vD} Diamantprüfung,
Spalte 2 drückt den Kugeldurchmesser und
Spalte 3 die Prüflast aus.

Die Belastungsdauer braucht bei der Vorlasthärteprüfung im Kurzzeichen nicht berücksichtigt zu werden, weil die Hauptlast erst dann wieder abgehoben wird, wenn der Zeiger der Meßuhr zur Ruhe gekommen ist. Dies ist ein Zeichen dafür, daß der Prüfling seine Formänderung abgegeben hat.

Beim Regelversuch $H_{vD\ 150}$ kann das Kurzzeichen H_{vD} benützt werden.

VICKERSPRÜFUNG

Kurzzeichen:

H_p $_{120/10}$

H_p $_{30/10}$

H_p $_{5/15}$

Spalte 1 bedeutet Vickersprüfung,

Spalte 2 drückt die Prüfbelastung,

Spalte 3 die Belastungsdauer aus.

Der Regelversuch bei der Vickersprüfung wird mit 30 kg ausgeführt.

Nachfolgende Beispiele zeigen, welcher Eintrag in die Konstruktionszeichnungen vorzunehmen wäre.

Beispiele:

1. Werkstück Stahl 70.11, 50 mm stark

    $H_{10/3000/10}$ 190—205

2. Werkstück Aluminium 5 mm stark

    $H_{5/125/30}$ 72—80

3. Werkstück Stahl 0,5 mm stark

    $H_{1,25/46,9/10}$ 210—230

Wenn für letzteres Beispiel auch die Vickersprüfung in Frage käme, müßte die Schreibweise lauten:

3 a. Werkstück Stahl 0,5 mm stark

    $H_{1,25/46,9/10}$ 210—230

    $H_{p\ 30/10}$ 210—230

4. Werkstück durchgehärtet

    $H_{vD\ 150}$ 62—64

    $H_{p\ 120/2}$ 754—806

5. Werkstück einsatzgehärtet, Einsatztiefe ungefähr 1,5 mm

    $H_{vD\ 150}$ 58—64

    $H_{p\ 120/2}$ 670—806

6. Werkstück einsatzgehärtet, Einsatztiefe ungefähr 0,6 mm

    $H_{vD\ 62,5}\ \dfrac{58-64}{79,5-82,5}$

    $H_{p\ 50/2}$ 670—806

7. Werkstück einsatzgehärtet, Einsatztiefe ca. 0,4 mm

    $H_{vD\ 30}\ \dfrac{58-64}{77-79,5}$

    $H_{p\ 30/2}$ 670—806

8. Werkstück nitriert, Nitrierschicht ca. 0,2 mm

    $H_{p\ 10/2}$ 620—760

Für die Beispiele 6 und 7 ist darauf aufmerksam zu machen, daß die Vorlasthärte (Rockwellhärte) mit 150 kg Belastung und Diamant im Laufe der Zeit ein Begriff geworden ist, weshalb es notwendig erscheint, daß die Vorlasthärte H_{vD}, die mit anderer Prüflast als 150 kg ermittelt wird, zur Normalvorlasthärte in Beziehung gesetzt wird. Jeder Betriebsleiter oder Meister kann sich unter der Rockwellzahl 50, 60 oder 65 eine bestimmte Härte vorstellen. Es wird deshalb vorgeschlagen, auf den Bruchstrich die gewünschte Rockwellzahl (H_{vD}), unter den Bruchstrich die Meßuhrablesung zu setzen, die der angewandten Prüflast entspricht.

Wenn bei einem gehärteten Werkstück sowohl die Vorlasthärteprüfung als auch die Vickersprüfung in Frage kommt, so ist es, wie aus den Beispielen 4, 5, 6 und 7 ersichtlich, zweckmäßig, die Angabe für beide Prüfarten zu machen.

Für die eventuelle Umrechnung der Brinell-, Vickers- und Vorlasthärte (Rockwellhärte) in Zugfestigkeit ist die Zahlentafel Seite 196/200 im Anhang beigegeben.

Die Werte sind errechnet für Kohlenstoffstahl und Chromnickelstahl.

Tabellen zur Auswertung der Prüfergebnisse.

Im Anhang sind Tabellen vorhanden zur Auswertung der Eindrücke

     1. beim Kugeldruckversuch nach Brinell
     2. bei der Vorlasthärteprüfung (Rockwellprüfung)
     3. bei der Vickersprüfung.

Das Arbeiten mit den sonst noch beigegebenen Tabellen ist im Zusammenhang mit den Prüfbeispielen erklärt.

Prüfung von einsatzgehärteten und nitrierten Werkstücken

Bei einsatzgehärteten und nitrierten Prüflingen ist die Stärke der Einsatzschicht bzw. Nitrierschicht von ausschlaggebender Bedeutung, ja, die Stärke der Einsatz- bzw. Nitrierschicht ist eigentlich die Grundlage für die Prüfung solcher Werkstücke. Es sind Untersuchungen im Gange, dieses große Problem der Härteprüfung einer Lösung zuzuführen.

Solange dieses Problem jedoch nicht eindeutig gelöst werden kann, ist es notwendig, die Prüfvorschrift danach aufzubauen, was in der Zeichnung verlangt wird, d. h. Prüfkörper und Prüfbelastung müssen sich vorläufig nach dem theoretischen Wert der Einsatztiefe bzw. Nitrierschicht der Zeichnung richten.

Bei einsatzgehärteten und nitrierten Teilen merke man sich als elementaren Grundsatz: **Die Prüfbelastung ist von der Stärke der Einsatz- bzw. Nitrierschicht abhängig. Je dünner die Einsatz- und Nitrierschicht ist, desto kleiner muß die Prüflast gewählt werden.** Beispiel: Ein einsatzgehärtetes Stück wird der Vorlasthärteprüfung unterzogen. Die Vorlasthärte beträgt

$$\text{bei } H_{vD\,150}\ 51,\ \text{bei } H_{vD\,62,5}\ \frac{63}{82}.$$

Der Unterschied zwischen den Prüfergebnissen 51 und 63 ist darauf zurückzuführen, daß bei der Prüfung mit 150 kg schon ein Teil der Kernhärte des Prüflings erfaßt wurde. Die Prüfung mit 62,5 kg dagegen erstreckte sich nur auf die aufgekohlte sich selbsttragende Schicht.

Für die Prüfung von einsatzgehärtetem und nitriertem Material stehen 3 Prüfarten zur Verfügung:

    1. Rockwellprüfung mit 10 kg Vorlast und den Hauptlasten 62,5 und 150 kg
    2. Rockwellprüfung mit 3 kg Vorlast und den Hauptlasten 15, 30 und 45 kg
    3. Vickersprüfung mit den Lasten 1—120 kg.

In nachstehenden Tabellen sind nun, ausgegangen von den Mindeststärken bei der Rockwell- bzw. Vickersprüfung, die Mindesteinsatzschichten bzw. Nitrierschichten in Abhängigkeit von bestimmter zu erwartender Härte eingetragen.

Vorlasthärteprüfung (Rockwellprüfung) 10 kg Vorlast

Hauptlast	150 kg	62,5 kg	
H_{vD} 65	$\geqq 0,8$	$\geqq 0,5$	Einsatz- oder Nitrierschicht
H_{vD} 60	$\geqq 1,0$	$\geqq 0,6$	
H_{vD} 50	$\geqq 1,2$	$\geqq 0,7$	
H_{vD} 40	$\geqq 1,4$	$\geqq 0,8$	

Vorlasthärteprüfung (Rockwellprüfung) 3 kg Vorlast

Hauptlast	45 kg	30 kg	15 kg	
H_{vD} 65	$\geqq 0,40$	$\geqq 0,35$	$\geqq 0,25$	Einsatz- oder Nitrierschicht
H_{vD} 60	$\geqq 0,50$	$\geqq 0,40$	$\geqq 0,30$	
H_{vD} 50	$\geqq 0,60$	$\geqq 0,50$	$\geqq 0,35$	
H_{vD} 40	$\geqq 0,70$	$\geqq 0,55$	$\geqq 0,40$	

Vickersprüfung

Last	120	50	30	10	5	1 kg	
H_p 400 oder H_{vD} 40	$>$ 1,10	$\geqq$ 0,70	$>$ 0,55	$\geqq$ 0,30	$\geqq$ 0,22	$\geqq$ 0,10	Einsatz-
H_p 525 „ H_{vD} 50	$\geqq$ 0,90	$\geqq$ 0,55	$\geqq$ 0,45	$\geqq$ 0,25	$\geqq$ 0,20	$\geqq$ 0,09	oder
H_p 710 „ H_{vD} 60	$\geqq$ 0,80	$\geqq$ 0,50	$\geqq$ 0,40	$\geqq$ 0,22	$\geqq$ 0,16	$\geqq$ 0,07	Nitrier-
H_p 832 „ H_{vD} 65	$\geqq$ 0,70	$\geqq$ 0,45	$\geqq$ 0,35	$\geqq$ 0,20	$\geqq$ 0,14	$\geqq$ 0,06	schicht

Aus vorstehenden Tabellen geht hervor, daß die Rockwellprüfung mit 10 kg Vorlast für Einsatztiefen von 0,5 mm aufwärts, die Rockwellprüfung (Vorlasthärteprüfung) mit 3 kg Vorlast für Einsatz- und Nitrierschichten von 0,25 mm aufwärts in Frage kommt. Für die Rockwellprüfung (Vorlasthärteprüfung) mit 3 kg Vorlast ist jedoch zu sagen, daß diese nur dann angewandt werden soll, wenn keine Möglichkeit besteht, die Vickersprüfung auszuführen. Die Eindringtiefen bei 3 kg Vorlast und den Hauptlasten 15, 30 und 45 kg sind außerordentlich klein (siehe Abbildung 106), so daß schon die allerkleinste Veränderung des Prüflings in der Prüfmaschine zu großen Fehlern führen muß. Ohne Einspannung ist eine derartige Prüfung praktisch kaum mehr denkbar.

Bei der Vickersprüfung einsatzgehärteter und nitrierter Teile ist von Bedeutung, daß die Belastungen von 1, 5 und 10 kg natürlich eine saubere Vorbereitung der Prüffläche bedingen, denn bei diesen kleinen Lasten ist die Erfassung von 0,001 mm Bedingung für eine sichere Beurteilung der Härte.

Anhang

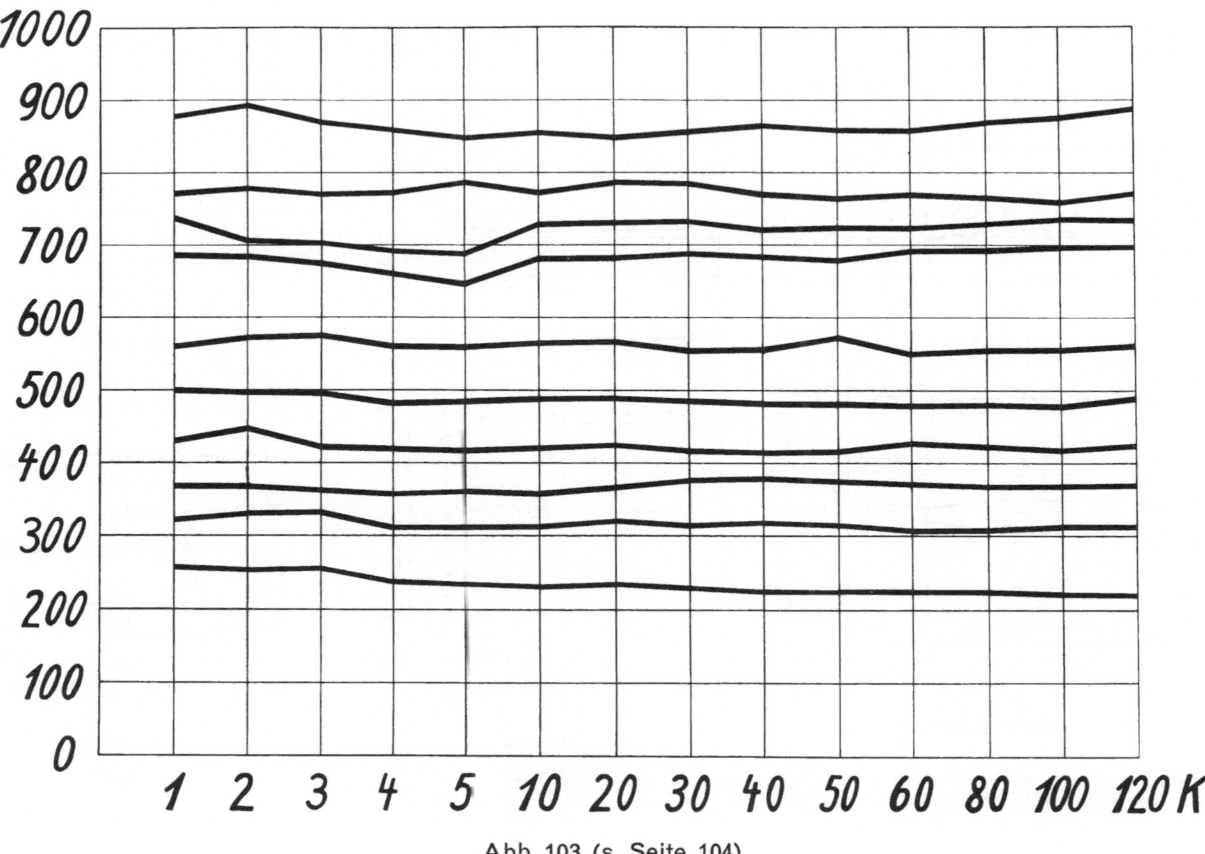

Abb. 103 (s. Seite 104)

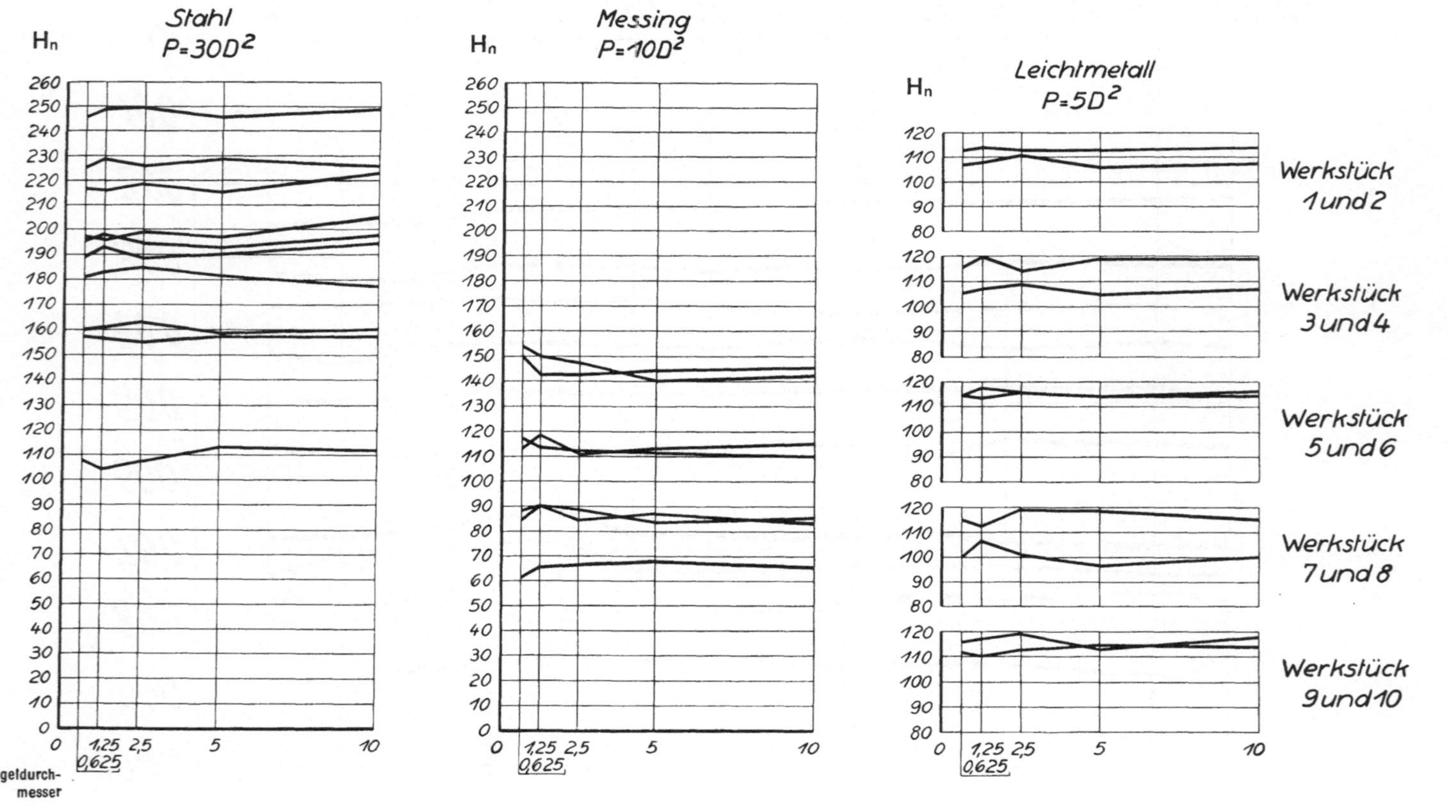

Abb. 104 (s. Seite 9, zu 6)

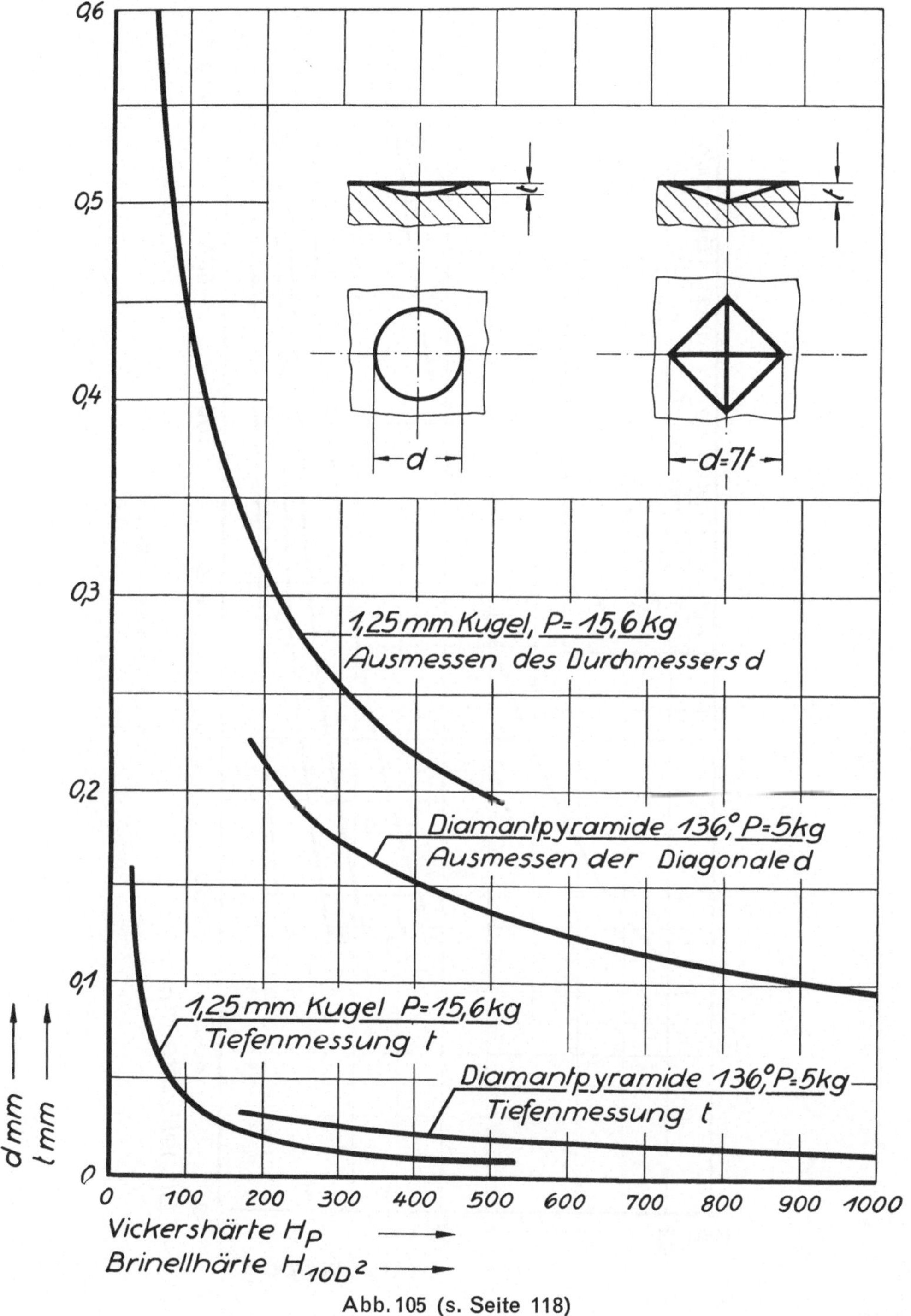

Abb. 105 (s. Seite 118)

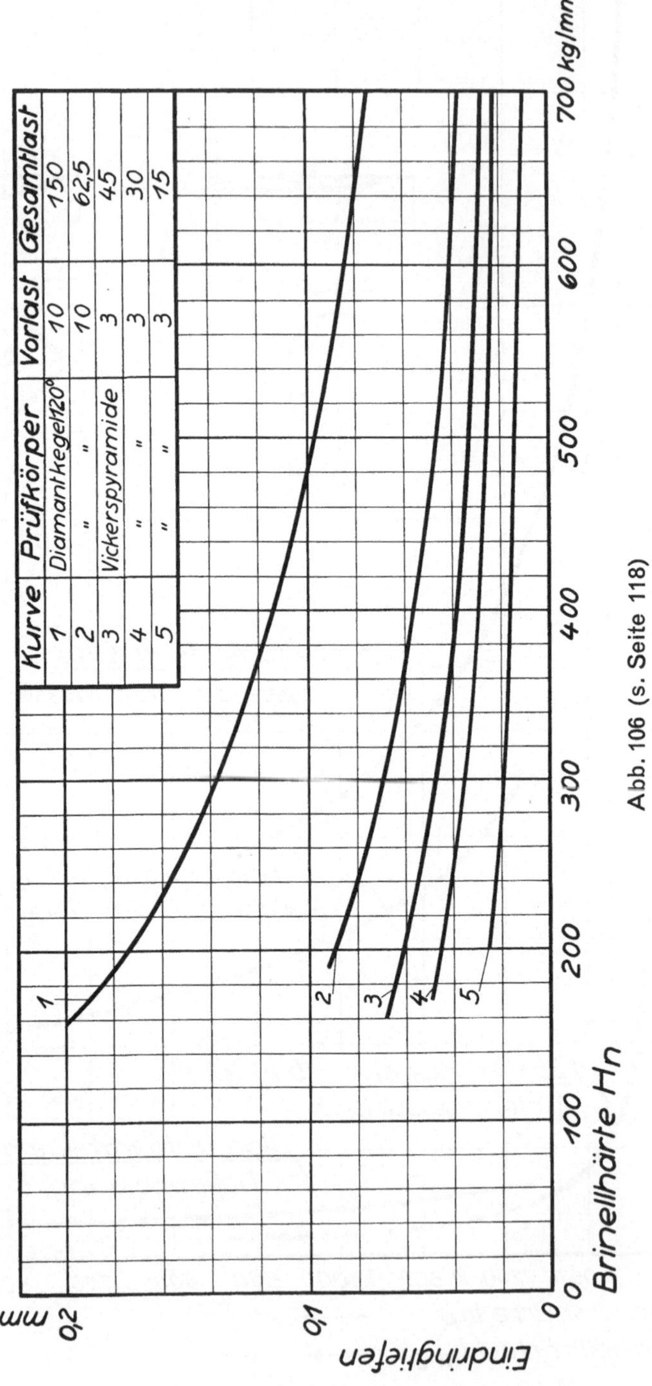

Kurve	Prüfkörper	Vorlast	Gesamtlast
1	Diamantkegel 120°	10	150
2	"	10	62,5
3	Vickerspyramide	3	45
4	"	3	30
5	"	3	15

Abb. 106 (s. Seite 118)

134

Mindeststärken

der Werkstoffproben bei der Brinellprüfung

Kugeldurch-messer D in mm	Belastung P in kg	D^2	Brinellhärte H in kg/mm²								
			40	60	80	100	150	200	300	400	500
0,625	0,977	2,5 D^2	0,12	0,08	0,06	0,05	—	—	—	—	—
	1,953	5 D^2	0,25	0,17	0,12	0,10	0,07	—	—	—	—
	3,91	10 D^2	0,50	0,33	0,25	0,20	0,13	0,10	—	—	—
	11,7	30 D^2	—	—	—	0,60	0,40	0,30	0,20	0,15	0,12
1,25	3,91	2,5 D^2	0,25	0,17	0,12	0,10	—	—	—	—	—
	7,8	5 D^2	0,50	0,33	0,25	0,20	0,13	—	—	—	—
	15,0	10 D^2	1,0	0,66	0,50	0,40	0,26	0,20	—	—	—
	46,9	30 D^2	—	—	—	1,20	0,80	0,60	0,40	0,30	0,24
2,5	15,6	2,5 D^2	0,50	0,33	0,25	0,20	—	—	—	—	—
	31,2	5 D^2	1,0	0,66	0,50	0,40	0,26	—	—	—	—
	62,5	10 D^2	2,0	1,3	1,0	0,80	0,53	0,40	—	—	—
	187,5	30 D^2	—	—	—	2,40	1,60	1,20	0,80	0,60	0,48
5	62,5	2,5 D^2	1,0	0,66	0,50	0,40	—	—	—	—	—
	125	5 D^2	2,0	1,3	1,0	0,80	0,53	—	—	—	—
	250	10 D^2	4,0	2,65	2,0	1,6	1,1	0,80	—	—	—
	750	30 D^2	—	—	—	4,8	3,2	2,4	1,6	1,2	0,95
10	250	2,5 D^2	2,0	1,3	1,0	0,80	—	—	—	—	—
	500	5 D^2	4,0	2,65	2,0	1,6	1,1	—	—	—	—
	1000	10 D^2	8,0	5,3	4,0	3,2	2,1	1,6	—	—	—
	3000	30 D^2	—	—	—	9,6	6,3	4,8	3,2	2,4	1,9

Mindeststärke $S_{min} = 10 \times$ Eindringtiefe (t)

$$S_{min} = 10 \cdot t = \frac{3,18 \cdot P}{H \cdot D} \text{ mm}$$

Mindeststärken

der Werkstoffproben bei der Vorlasthärteprüfung

in mm

BRIRO UV

Prüfkörper	Belastung P in kg	Vorlasthärte $H_{vD\,150}$					
		20	30	40	50	60	70
Diamantkegel 120°	62,5	1,0	0,9	0,8	0,7	0,6	0,5
	150	1,8	1,6	1,4	1,2	1,0	0,8

BRIRO UVK

Prüfkörper	Belastung P in kg	Vorlasthärte $H_{vD\,150}$					
		20	30	40	50	60	70
Diamantpyramide, Flächenwinkel 136°	15	0,49	0,44	0,39	0,34	0,29	0,24
	30	0,69	0,62	0,55	0,48	0,41	0,34
	45	0,85	0,76	0,67	0,59	0,51	0,41

$H_{vD\,150}$ ist die mit Diamantkegel 120°, 10 kg Vorlast und 150 kg Gesamtlast ermittelte Vorlasthärte

Mindeststärken

der Werkstoffproben bei der Vickersprüfung

Belastung P in kg	Vickershärte in kg/mm²					
	200	300	400	600	800	1000
1	0,14	0,12	0,10	0,08	0,07	0,06
2	0,19	0,16	0,14	0,12	0,10	0,09
3	0,24	0,19	0,17	0,14	0,12	0,11
4	0,27	0,22	0,20	0,16	0,14	0,12
5	0,31	0,25	0,22	0,18	0,15	0,14
10	0,43	0,36	0,31	0,25	0,22	0,19
20	0,62	0,50	0,43	0,36	0,31	0,28
30	0,75	0,62	0,53	0,44	0,38	0,34
40	0,87	0,71	0,62	0,50	0,44	0,39
50	1,0	0,80	0,69	0,56	0,49	0,44
60	1,1	0,87	0,75	0,62	0,53	0,48
80	1,2	1,0	0,87	0,71	0,62	0,55
100	1,4	1,2	1,0	0,80	0,69	0,62
120	1,5	1,3	1,1	0,87	0,75	0,67

Mindeststärke $S_{min} = 10 \times$ Eindringtiefe (t)

$$S_{min} = 10\,t = 1{,}945 \sqrt{\frac{P}{V}} \text{ in mm}$$

Härteprüfung dünnwandiger Rohre aus Nichteisenmetallen

Brinellhärte H des Rohres in kg/mm²	Mindeststärke s_{min} der Wandung bei verschiedenen Außendurchmessern D_a in mm										Prüfkugel 0,625 mm und Prüfdruck
	10	20	30	40	50	60	70	80	90	100	
10	0,50	0,50	0,55	0,65	0,70	0,75	0,85	0,90	0,95	1,00	
20	0,25	0,30	0,40	0,45	0,50	0,55	0,60	0,65	0,65	0,70	$P = 0{,}977$ kg
30	0,18	0,25	0,30	0,35	0,40	0,45	0,50	0,50	0,55	0,55	
40	0,16	0,20	0,25	0,30	0,35	0,40	0,40	0,45	0,45	0,50	
40	0,25	0,30	0,40	0,45	0,50	0,55	0,60	0,65	0,65	0,70	
50	0,20	0,30	0,35	0,40	0,45	0,50	0,50	0,55	0,60	0,65	$P = 1{,}953$ kg
60	0,18	0,25	0,30	0,35	0,40	0,45	0,50	0,50	0,55	0,60	
70	0,17	0,25	0,30	0,35	0,35	0,40	0,45	0,45	0,50	0,55	
70	0,30	0,35	0,40	0,45	0,55	0,60	0,65	0,65	0,70	0,75	
100	0,20	0,30	0,35	0,40	0,45	0,50	0,50	0,55	0,60	0,65	$P = 3{,}91$ kg
130	0,17	0,25	0,30	0,35	0,40	0,40	0,45	0,50	0,50	0,55	
160	0,16	0,20	0,25	0,30	0,35	0,40	0,40	0,45	0,45	0,50	

Härteprüfung dünnwandiger Rohre aus Stahl

Brinellhärte H des Rohres in kg/mm²	Mindeststärke s_{min} der Wandung bei verschiedenen Außendurchmessern D_a in mm											Prüfkugel und Prüfdruck
	5	10	20	30	40	50	60	70	80	90	100	
100	0,60	0,60	0,60	0,60	0,68	0,77	0,84	0,90	0,98	1,03	1,08	0,625 mm 11,7 kg
150	0,40	0,40	0,40	0,48	0,56	0,63	0,68	0,74	0,79	0,84	0,88	
200	0,30	0,30	0,34	0,42	0,48	0,54	0,59	0,64	0,69	0,74	0,77	
250	0,24	0,24	0,30	0,37	0,43	0,48	0,53	0,57	0,61	0,65	0,68	
300	0,20	0,20	0,28	0,34	0,40	0,44	0,48	0,52	0,56	0,59	0,63	
100	1,20	1,20	1,20	1,20	1,37	1,53	1,68	1,81	1,94	2,06	2,16	1,25 mm 46,9 kg
150	0,80	0,80	0,80	0,97	1,12	1,25	1,37	1,48	1,58	1,68	1,77	
200	0,60	0,60	0,69	0,84	0,97	1,08	1,19	1,28	1,37	1,45	1,53	
250	0,48	0,48	0,61	0,75	0,87	0,97	1,07	1,15	1,23	1,30	1,37	
300	0,40	0,40	0,56	0,69	0,79	0,88	0,97	1,04	1,12	1,19	1,25	
100	—	2,40	2,40	2,40	2,74	3,06	3,36	3,62	3,87	4,12	4,32	2,5 mm 187,5 kg
150	—	1,60	1,60	1,94	2,24	2,50	2,74	2,96	3,16	3,36	3,54	
200	—	1,20	1,37	1,68	1,94	2,16	2,40	2,56	2,74	2,91	3,06	
250	—	0,95	1,23	1,50	1,74	1,94	2,13	2,29	2,45	2,60	2,74	
300	—	0,80	1,12	1,37	1,58	1,77	1,94	2,09	2,24	2,37	2,50	

Härtezahlen nach Brinell

d	H Belastung P in kg				d	H Belastung P in kg			
	3000	1000	500	250		3000	1000	500	250
1,61	1464	488	244	122	2,06	890	297	148	74,2
1,62	1446	482	241	121	2,07	882	294	147	73,5
1,63	1428	476	238	119	2,08	873	291	146	72,8
1,64	1411	470	235	117	2,09	865	288	144	72,1
1,65	1393	464	232	116	2,10	856	285	143	71,4
1,66	1377	459	229	114	2,11	848	283	141	70,7
1,67	1360	453	227	113	2,12	840	280	140	70,0
1,68	1344	448	224	112	2,13	832	277	139	69,4
1,69	1328	443	221	111	2,14	824	275	137	68,7
1,70	1312	437	219	109	2,15	817	272	136	68,1
1,71	1297	432	216	108	2,16	809	270	135	67,4
1,72	1282	427	214	107	2,17	802	267	134	66,8
1,73	1267	422	211	106	2,18	794	265	132	66,2
1,74	1252	417	209	104	2,19	787	262	131	65,5
1,75	1238	413	206	103	2,20	780	260	130	65,0
1,76	1223	408	204	102	2,21	772	257	129	64,4
1,77	1210	403	202	101	2,22	765	255	128	63,8
1,78	1196	399	199	99,7	2,23	758	253	126	63,2
1,79	1183	394	197	98,5	2,24	752	251	125	62,6
1,80	1169	390	195	97,4	2,25	745	248	124	62,1
1,81	1156	385	193	96,4	2,26	738	246	123	61,5
1,82	1144	381	191	95,3	2,27	732	244	122	61,0
1,83	1131	377	188	94,2	2,28	725	242	121	60,4
1,84	1119	373	168	93,2	2,29	719	240	120	59,9
1,85	1106	369	184	92,2	2,30	712	237	119	59,4
1,86	1094	365	182	91,2	2,31	706	235	118	58,8
1,87	1083	361	180	90,2	2,32	700	233	117	58,3
1,88	1071	357	179	89,3	2,33	694	231	116	57,8
1,89	1060	353	177	88,3	2,34	688	229	115	57,3
1,90	1048	349	175	87,4	2,35	682	227	114	56,8
1,91	1037	346	173	86,5	2,36	676	225	113	56,3
1,92	1027	342	171	85,6	2,37	670	223	112	55,9
1,93	1016	339	169	84,7	2,38	665	222	111	55,4
1,94	1005	335	168	83,8	2,39	659	220	110	54,9
1,95	995	332	166	82,9	2,40	653	218	109	54,4
1,96	985	328	164	82,1	2,41	648	216	108	54,0
1,97	975	325	162	81,2	2,42	643	214	107	53,5
1,98	965	322	161	80,4	2,43	637	212	106	53,1
1,99	955	318	159	79,5	2,44	623	211	105	52,7
2,00	945	315	158	78,8	2,45	627	209	104	52,2
2,01	936	312	156	78,0	2,46	621	207	104	51,8
2,02	926	309	154	77,2	2,47	616	205	103	51,4
2,03	917	306	153	76,4	2,48	611	204	102	50,9
2,04	908	303	151	75,7	2,49	606	202	101	50,5
2,05	899	300	150	74,9	2,50	601	200	100	50,1

d = Eindruckdurchmesser in mm

Härtezahlen nach Brinell bei 10 mm Kugeldurchmesser

d	H Belastung P in kg				d	H Belastung P in kg			
	3000	1000	500	250		3000	1000	500	250
2,51	597	199	99,4	49,7	2,96	426	142	71,0	35,5
2,52	592	197	98,6	49,3	2,97	423	141	70,5	35,3
2,53	587	196	97,8	48,9	2,98	420	140	70,1	35,0
2,54	582	194	97,1	48,6	2,99	417	139	69,6	34,8
2,55	578	193	96,3	48,1	3,00	415	138	69,1	34,6
2,56	573	191	95,5	47,8	3,01	412	137	68,6	34,3
2,57	569	190	94,8	47,4	3,02	409	136	68,2	34,1
2,58	564	188	94,0	47,0	3,03	406	135	67,7	33,9
2,59	560	187	93,3	46,6	3,04	404	135	67,3	33,6
2,60	555	185	92,6	46,3	3,05	401	134	66,8	33,4
2,61	551	184	91,8	45,9	3,06	398	133	66,4	33,2
2,62	547	182	91,1	45,6	3,07	395	132	65,9	33,0
2,63	543	181	90,4	45,2	3,08	393	131	65,5	32,7
2,64	538	179	89,7	44,9	3,09	390	130	65,0	32,5
2,65	534	178	89,0	44,5	3,10	388	129	64,6	32,3
2,66	530	177	88,4	44,2	3,11	385	128	64,2	32,1
2,67	526	175	87,7	43,8	3,12	383	128	63,8	31,9
2,68	522	174	87,0	43,5	3,13	380	127	63,3	31,7
2,69	518	173	86,4	43,2	3,14	378	126	62,9	31,5
2,70	514	171	85,7	42,9	3,15	375	125	62,5	31,3
2,71	510	170	85,1	42,5	3,16	373	124	62,1	31,1
2,72	507	169	84,4	42,2	3,17	370	123	61,7	30,9
2,73	503	168	83,8	41,9	3,18	368	123	61,3	30,7
2,74	499	166	83,2	41,6	3,19	366	122	60,9	30,5
2,75	495	165	82,6	41,3	3,20	363	121	60,5	30,3
2,76	492	164	81,9	41,0	3,21	361	120	60,1	30,1
2,77	488	163	81,3	40,7	3,22	359	120	59,8	29,9
2,78	485	162	80,8	40,4	3,23	356	119	59,4	29,7
2,79	481	160	80,2	40,1	3,24	354	118	59,0	29,5
2,80	477	159	79,6	39,8	3,25	352	117	58,6	29,3
2,81	474	158	79,0	39,5	3,26	350	117	58,3	29,1
2,82	471	157	78,4	39,2	3,27	347	116	57,9	29,0
2,83	467	156	77,9	38,9	3,28	345	115	57,5	28,8
2,84	464	155	77,3	38,7	3,29	343	114	57,2	28,6
2,85	461	154	76,8	38,4	3,30	341	114	56,8	28,4
2,86	457	152	76,2	38,1	3,31	339	113	56,5	28,2
2,87	454	151	75,7	37,8	3,32	337	112	56,1	28,1
2,88	451	150	75,1	37,6	3,33	335	112	55,8	27,9
2,89	448	149	74,6	37,3	3,34	333	111	55,4	27,7
2,90	444	148	74,1	37,0	3,35	331	110	55,1	27,5
2,91	441	147	73,6	36,8	3,36	329	110	54,8	27,4
2,92	438	146	73,0	36,5	3,37	326	109	54,4	27,2
2,93	435	145	72,5	36,3	3,38	325	108	54,1	27,0
2,94	432	144	72,0	36,0	3,39	323	108	53,8	26,9
2,95	429	143	71,5	35,8	3,40	321	107	53,4	26,7

d = Eindruckdurchmesser in mm

d	H Belastung P in kg				d	H Belastung P in kg			
	3000	1000	500	250		3000	1000	500	250
3,41	319	106	53,1	26,6	3,86	246	82,1	41,1	20,5
3,42	317	106	52,8	26,4	3,87	245	81,7	40,9	20,4
3,43	315	105	52,5	26,2	3,88	244	81,3	40,6	20,3
3,44	313	104	52,2	26,1	3,89	242	80,8	40,4	20,2
3,45	311	104	51,8	25,9	3,90	241	80,4	40,2	20,1
3,46	309	103	51,5	25,8	3,91	240	80,0	40,0	20,0
3,47	307	102	51,2	25,6	3,92	239	79,6	39,8	19,9
3,48	306	102	50,9	25,5	3,93	237	79,1	39,6	19,8
3,49	304	101	50,6	25,3	3,94	236	78,7	39,4	19,7
3,50	302	101	50,3	25,2	3,95	235	78,3	39,1	19,6
3,51	300	100	50,0	25,0	3,96	234	77,9	38,9	19,5
3,52	298	99,5	49,7	24,9	3,97	232	77,5	38,7	19,4
3,53	297	98,9	49,4	24,7	3,98	231	77,1	38,5	19,3
3,54	295	98,3	49,2	24,6	3,99	230	76,7	38,3	19,2
3,55	293	97,7	48,9	24,4	4,00	229	76,3	38,1	19,1
3,56	292	97,2	48,6	24,3	4,01	228	75,9	37,9	19,0
3,57	290	96,6	48,3	24,2	4,02	226	75,5	37,7	18,9
3,58	288	96,1	48,0	24,0	4,03	225	75,1	37,5	18,8
3,59	286	95,5	47,7	23,9	4,04	224	74,7	37,3	18,7
3,60	285	95,0	47,5	23,7	4,05	223	74,3	37,1	18,6
3,61	283	94,4	47,2	23,6	4,06	222	73,9	37,0	18,5
3,62	282	93,9	46,9	23,5	4,07	221	73,5	36,8	18,4
3,63	280	93,3	46,7	23,3	4,08	219	73,2	36,6	18,3
3,64	278	92,8	46,4	23,2	4,09	218	72,8	36,4	18,2
3,65	277	92,3	46,1	23,1	4,10	217	72,4	36,2	18,1
3,66	275	91,7	45,9	22,9	4,11	216	72,0	36,0	18,0
3,67	274	91,2	45,6	22,8	4,12	215	71,7	35,8	17,9
3,68	272	90,7	45,4	22,7	4,13	214	71,3	35,7	17,8
3,69	271	90,2	45,1	22,6	4,14	213	71,0	35,5	17,7
3,70	269	89,7	44,9	22,4	4,15	212	70,6	35,3	17,6
3,71	268	89,2	44,6	22,3	4,16	211	70,2	35,1	17,6
3,72	266	88,7	44,4	22,2	4,17	210	69,9	34,9	17,5
3,73	265	88,2	44,1	22,1	4,18	209	69,5	34,8	17,4
3,74	263	87,7	43,9	21,9	4,19	208	69,2	34,6	17,3
3,75	262	87,2	43,6	21,8	4,20	207	68,8	34,4	17,2
3,76	260	86,8	43,4	21,7	4,21	205	68,5	34,2	17,1
3,77	259	86,3	43,1	21,6	4,22	204	68,2	34,1	17,0
3,78	257	85,8	42,9	21,5	4,23	203	67,8	33,9	17,0
3,79	256	85,3	42,7	21,3	4,24	202	67,5	33,7	16,9
3,80	255	84,9	42,4	21,2	4,25	201	67,1	33,6	16,8
3,81	253	84,4	42,2	21,1	4,26	200	66,8	33,4	16,7
3,82	252	84,0	42,0	21,0	4,27	199	66,5	33,2	16,6
3,83	250	83,5	41,7	20,9	4,28	198	66,2	33,1	16,5
3,84	249	83,0	41,5	20,8	4,29	198	65,8	32,9	16,5
3,85	248	82,6	41,3	20,6	4,30	197	65,5	32,8	16,4

d = Eindruckdurchmesser in mm

Härtezahlen nach Brinell bei 10 mm Kugeldurchmesser

d	H Belastung P in kg				d	H Belastung P in kg			
	3000	1000	500	250		3000	1000	500	250
4,31	196	65,2	32,6	16,3	4,76	158	52,8	26,4	13,2
4,32	195	64,9	32,4	16,2	4,77	158	52,6	26,3	13,1
4,33	194	64,6	32,3	16,1	4,78	157	52,3	26,2	13,1
4,34	193	64,2	32,1	16,1	4,79	156	52,1	26,1	13,0
4,35	192	63,9	32,0	16,0	4,80	156	51,9	25,9	13,0
4,36	191	63,6	31,8	15,9	4,81	155	51,6	25,8	12,9
4,37	190	63,3	31,7	15,8	4,82	154	51,4	25,7	12,9
4,38	189	63,0	31,5	15,8	4,83	154	51,2	25,6	12,8
4,39	188	62,7	31,4	15,7	4,84	153	51,0	25,5	12,7
4,40	187	62,4	31,2	15,6	4,85	152	50,7	25,4	12,7
4,41	186	62,1	31,1	15,6	4,86	152	50,5	25,3	12,6
4,42	185	61,8	30,9	15,5	4,87	151	50,3	25,1	12,6
4,43	185	61,5	30,8	15,4	4,88	150	50,1	25,0	12,5
4,44	184	61,2	30,6	15,3	4,89	150	49,8	24,9	12,5
4,45	183	60,9	30,5	15,2	4,90	149	49,6	24,8	12,4
4,46	182	60,6	30,3	15,2	4,91	148	49,4	24,7	12,4
4,47	181	60,4	30,2	15,1	4,92	148	49,2	24,6	12,3
4,48	180	60,1	30,0	15,0	4,93	147	49,0	24,5	12,2
4,49	179	59,8	29,9	14,9	4,94	146	48,8	24,4	12,2
4,50	179	59,5	29,8	14,9	4,95	146	48,6	24,3	12,1
4,51	178	59,2	29,6	14,8	4,96	145	48,4	24,2	12,1
4,52	177	59,0	29,5	14,7	4,97	144	48,1	24,1	12,0
4,53	176	58,7	29,3	14,7	4,98	144	47,9	24,0	12,0
4,54	175	58,4	29,2	14,6	4,99	143	47,7	23,9	11,9
4,55	174	58,1	29,1	14,5	5,00	143	47,5	23,8	11,9
4,56	174	57,9	28,9	14,5	5,01	142	47,3	23,7	11,8
4,57	173	57,6	28,8	14,4	5,02	141	47,1	23,6	11,8
4,58	172	57,3	28,7	14,3	5,03	141	46,9	23,5	11,7
4,59	171	57,1	28,5	14,3	5,04	140	46,7	23,4	11,7
4,60	170	56,8	28,4	14,2	5,05	140	46,5	23,3	11,6
4,61	170	56,5	28,3	14,1	5,06	139	46,3	23,2	11,6
4,62	169	56,3	28,1	14,1	5,07	138	46,1	23,1	11,5
4,63	168	56,0	28,0	14,0	5,08	138	45,9	23,0	11,5
4,64	167	55,8	27,9	13,9	5,09	137	45,7	22,9	11,4
4,65	167	55,5	27,8	13,9	5,10	137	45,5	22,8	11,4
4,66	166	55,2	27,6	13,8	5,11	136	45,3	22,7	11,3
4,67	165	55,0	27,5	13,8	5,12	135	45,1	22,6	11,3
4,68	164	54,8	27,4	13,7	5,13	135	45,0	22,5	11,2
4,69	164	54,5	27,3	13,6	5,14	134	44,8	22,4	11,2
4,70	163	54,3	27,1	13,6	5,15	134	44,6	22,3	11,1
4,71	162	54,0	27,0	13,5	5,16	133	44,4	22,2	11,1
4,72	161	53,8	26,9	13,4	5,17	133	44,2	22,1	11,1
4,73	161	53,5	26,8	13,4	5,18	132	44,0	22,0	11,0
4,74	160	53,3	26,6	13,3	5,19	132	43,8	21,9	11,0
4,75	159	53,0	26,5	13,3	5,20	131	43,7	21,8	10,9

d = Eindruckdurchmesser in mm

Härtezahlen nach Brinell bei 10 mm Kugeldurchmesser

d	H Belastung P in kg				d	H Belastung P in kg			
	3000	1000	500	250		3000	1000	500	250
5,21	130	43,5	21,7	10,9	5,66	109	36,3	18,1	9,1
5,22	130	43,3	21,6	10,8	5,67	108	36,1	18,1	9,0
5,23	129	43,1	21,6	10,8	5,68	108	36,0	18,0	9,0
5,24	129	42,9	21,5	10,7	5,69	107	35,8	17,9	9,0
5,25	128	42,8	21,4	10,7	5,70	107	35,7	17,8	8,9
5,26	128	42,6	21,3	10,6	5,71	107	35,6	17,8	8,9
5,27	127	42,4	21,2	10,6	5,72	106	35,4	17,7	8,9
5,28	127	42,2	21,1	10,6	5,73	106	35,3	17,6	8,8
5,29	126	42,1	21,0	10,5	5,74	105	35,1	17,6	8,8
5,30	126	41,9	20,9	10,5	5,75	105	35,0	17,5	8,8
5,31	125	41,7	20,9	10,4	5,76	105	34,9	17,4	8,7
5,32	125	41,5	20,8	10,4	5,77	104	34,7	17,4	8,7
5,33	124	41,4	20,7	10,3	5,78	104	34,6	17,3	8,7
5,34	124	41,2	20,6	10,3	5,79	103	34,5	17,2	8,6
5,35	123	41,0	20,5	10,3	5,80	103	34,3	17,2	8,6
5,36	123	40,9	20,4	10,2	5,81	103	34,2	17,1	8,6
5,37	122	40,7	20,3	10,2	5,82	102	34,1	17,0	8,5
5,38	122	40,5	20,3	10,1	5,83	102	33,9	17,0	8,5
5,39	121	40,4	20,2	10,1	5,84	101	33,8	16,9	8,5
5,40	121	40,2	20,1	10,1	5,85	101	33,7	16,8	8,4
5,41	120	40,0	20,0	10,0	5,86	101	33,6	16,8	8,4
5,42	120	39,9	19,9	10,0	5,87	100	33,4	16,7	8,4
5,43	119	39,7	19,9	9,9	5,88	99,9	33,3	16,7	8,3
5,44	119	39,6	19,8	9,9	5,89	99,5	33,2	16,6	8,3
5,45	118	39,4	19,7	9,9	5,90	99,2	33,1	16,5	8,3
5,46	118	39,2	19,6	9,8	5,91	98,8	32,9	16,5	8,2
5,47	117	39,1	19,5	9,8	5,92	98,4	32,8	16,4	8,2
5,48	117	38,9	19,5	9,7	5,93	98,0	32,7	16,3	8,2
5,49	116	38,8	19,4	9,7	5,94	97,7	32,6	16,3	8,1
5,50	116	38,6	19,3	9,7	5,95	97,3	32,4	16,2	8,1
5,51	115	38,5	19,2	9,6	5,96	96,9	32,3	16,2	8,1
5,52	115	38,3	19,2	9,6	5,97	96,6	32,2	16,1	8,0
5,53	114	38,2	19,1	9,5	5,98	96,2	32,1	16,0	8,0
5,54	114	38,0	19,0	9,5	5,99	95,9	32,0	16,0	8,0
5,55	114	37,9	18,9	9,5	6,00	95,5	31,8	15,9	8,0
5,56	113	37,7	18,9	9,4	6,01	95,1	31,7	15,9	7,9
5,57	113	37,6	18,8	9,4	6,02	94,8	31,6	15,8	7,9
5,58	112	37,4	18,7	9,4	6,03	94,4	31,5	15,7	7,9
5,59	112	37,3	18,6	9,3	6,04	94,1	31,4	15,7	7,8
5,60	111	37,1	18,6	9,3	6,05	93,7	31,2	15,6	7,8
5,61	111	37,0	18,5	9,2	6,06	93,4	31,1	15,6	7,8
5,62	110	36,8	18,4	9,2	6,07	93,0	31,0	15,5	7,8
5,63	110	36,7	18,3	9,2	6,08	92,7	30,9	15,4	7,7
5,64	110	36,5	18,3	9,1	6,09	92,3	30,8	15,4	7,7
5,65	109	36,4	18,2	9,1	6,10	92,0	30,7	15,3	7,7

d = Eindruckdurchmesser in mm

Härtezahlen nach Brinell bei 10 mm Kugeldurchmesser

d	H Belastung P in kg				d	H Belastung P in kg			
	3000	1000	500	250		3000	1000	500	250
6,11	91,7	30,6	15,3	7,6	6,56	77,9	26,0	13,0	6,5
6,12	91,3	30,4	15,2	7,6	6,57	77,6	25,9	12,9	6,5
6,13	91,0	30,3	15,2	7,6	6,58	77,3	25,8	12,9	6,4
6,14	90,6	30,2	15,1	7,6	6,59	77,1	25,7	12,8	6,4
6,15	90,3	30,1	15,1	7,5	6,60	76,8	25,6	12,8	6,4
6,16	90,0	30,0	15,0	7,5	6,61	76,5	25,5	12,8	6,4
6,17	89,7	29,9	14,9	7,5	6,62	76,2	25,4	12,7	6,4
6,18	89,3	29,8	14,9	7,4	6,63	76,0	25,3	12,7	6,3
6,19	89,0	29,7	14,8	7,4	6,64	75,7	25,2	12,6	6,3
6,20	88,7	29,6	14,8	7,4	6,65	75,4	25,1	12,6	6,3
6,21	88,3	29,4	14,7	7,4	6,66	75,2	25,1	12,5	6,3
6,22	88,0	29,3	14,7	7,3	6,67	74,9	25,0	12,5	6,2
6,23	87,7	29,2	14,6	7,3	6,68	74,7	24,9	12,4	6,2
6,24	87,4	29,1	14,6	7,3	6,69	74,4	24,8	12,4	6,2
6,25	87,1	29,0	14,5	7,3	6,70	74,1	24,7	12,4	6,2
6,26	86,7	28,9	14,5	7,2	6,71	73,9	24,6	12,3	6,2
6,27	86,4	28,8	14,4	7,2	6,72	73,6	24,5	12,3	6,1
6,28	86,1	28,7	14,4	7,2	6,73	73,4	24,5	12,2	6,1
6,29	85,8	28,6	14,3	7,1	6,74	73,1	24,4	12,2	6,1
6,30	85,5	28,5	14,2	7,1	6,75	72,8	24,3	12,1	6,1
6,31	85,2	28,4	14,2	7,1	6,76	72,6	24,2	12,1	6,0
6,32	84,9	28,3	14,1	7,1	6,77	72,3	24,1	12,1	6,0
6,33	84,6	28,2	14,1	7,0	6,78	72,1	24,0	12,0	6,0
6,34	84,3	28,1	14,0	7,0	6,79	71,8	23,9	12,0	6,0
6,35	84,0	28,0	14,0	7,0	6,80	71,6	23,9	11,9	6,0
6,36	83,7	27,9	13,9	7,0	6,81	71,3	23,8	11,9	5,9
6,37	83,4	27,8	13,9	6,9	6,82	71,1	23,7	11,8	5,9
6,38	83,1	27,7	13,8	6,9	6,83	70,8	23,6	11,8	5,9
6,39	82,8	27,6	13,8	6,9	6,84	70,6	23,5	11,8	5,9
6,40	82,5	27,5	13,7	6,9	6,85	70,4	23,5	11,7	5,9
6,41	82,2	27,4	13,7	6,8	6,86	70,1	23,4	11,7	5,8
6,42	81,9	27,3	13,6	6,8	6,87	69,9	23,3	11,6	5,8
6,43	81,6	27,2	13,6	6,8	6,88	69,6	23,2	11,6	5,8
6,44	81,3	27,1	13,5	6,8	6,89	69,4	23,1	11,6	5,8
6,45	81,0	27,0	13,5	6,7	6,90	69,2	23,1	11,5	5,8
6,46	80,7	26,9	13,4	6,7	6,91	68,9	23,0	11,5	5,7
6,47	80,4	26,8	13,4	6,7	6,92	68,7	22,9	11,4	5,7
6,48	80,1	26,7	13,4	6,7	6,93	68,4	22,8	11,4	5,7
6,49	79,8	26,6	13,3	6,7	6,94	68,2	22,7	11,4	5,7
6,50	79,6	26,5	13,3	6,6	6,95	68,0	22,7	11,3	5,7
6,51	79,3	26,4	13,2	6,6	6,96	67,7	22,6	11,3	5,6
6,52	79,0	26,3	13,2	6,6	6,97	67,5	22,5	11,3	5,6
6,53	78,7	26,2	13,1	6,6	6,98	67,3	22,4	11,2	5,6
6,54	78,4	26,1	13,1	6,5	6,99	67,0	22,3	11,2	5,6
6,55	78,2	26,1	13,0	6,5	7,00	66,8	22,3	11,1	5,6

d = Eindruckdurchmesser in mm

Härtezahlen nach Brinell bei 5 mm Kugeldurchmesser

d	H Belastung P in kg				d	H Belastung P in kg			
	750	250	125	62,5		750	250	125	62,5
0,81	1446	482	241	121	1,26	592	197	98,6	49,3
0,82	1411	470	235	117	1,27	582	194	97,1	48,6
0,83	1377	459	229	114	1,28	573	191	95,5	47,8
0,84	1344	448	224	112	1,29	564	188	94,0	47,0
0,85	1312	437	219	109	1,30	555	185	92,6	46,3
0,86	1282	427	214	107	1,31	547	182	91,1	45,6
0,87	1252	417	209	104	1,32	538	179	89,7	44,9
0,88	1223	408	204	102	1,33	530	177	88,4	44,2
0,89	1196	399	199	99,7	1,34	522	174	87,0	43,5
0,90	1169	390	195	97,4	1,35	514	171	85,7	42,9
0,91	1144	381	191	95,3	1,36	507	169	84,4	42,2
0,92	1119	373	186	93,2	1,37	499	166	83,2	41,6
0,93	1094	365	182	91,2	1,38	492	164	81,9	41,0
0,94	1071	357	179	89,3	1,39	485	162	80,8	40,4
0,95	1048	349	175	87,4	1,40	477	159	79,6	39,8
0,96	1027	342	171	85,6	1,41	471	157	78,4	39,2
0,97	1005	335	168	83,8	1,42	464	155	77,3	38,7
0,98	985	328	164	82,1	1,43	457	152	76,2	38,1
0,99	965	322	161	80,4	1,44	451	150	75,1	37,6
1,00	945	315	158	78,8	1,45	444	148	74,1	37,0
1,01	926	309	154	77,2	1,46	438	146	73,0	36,5
1,02	908	303	151	75,7	1,47	432	144	72,0	36,0
1,03	890	297	148	74,2	1,48	426	142	71,0	35,5
1,04	873	291	146	72,8	1,49	420	140	70,1	35,0
1,05	856	285	143	71,4	1,50	415	138	69,1	34,6
1,06	840	280	140	70,0	1,51	409	136	68,2	34,1
1,07	824	275	137	68,7	1,52	404	135	67,3	33,6
1,08	809	270	135	67,4	1,53	398	133	66,4	33,2
1,09	794	265	132	66,2	1,54	393	131	65,5	32,7
1,10	780	260	130	65,0	1,55	388	129	64,6	32,3
1,11	765	255	128	63,8	1,56	383	128	63,8	31,9
1,12	752	251	125	62,6	1,57	378	126	62,9	31,5
1,13	738	246	123	61,5	1,58	373	124	62,1	31,1
1,14	725	242	121	60,4	1,59	368	123	61,3	30,7
1,15	712	237	119	59,4	1,60	363	121	60,5	30,3
1,16	700	233	117	58,3	1,61	359	120	59,8	29,9
1,17	688	229	115	57,3	1,62	354	118	59,0	29,5
1,18	876	225	113	56,3	1,63	350	117	58,3	29,1
1,19	665	222	111	55,4	1,64	345	115	57,5	28,8
1,20	653	218	109	54,4	1,65	341	114	56,8	28,4
1,21	643	214	107	53,5	1,66	337	112	56,1	28,1
1,22	632	211	105	52,7	1,67	333	111	55,4	27,7
1,23	621	207	104	51,8	1,68	329	110	54,8	27,4
1,24	611	204	102	50,9	1,69	325	108	54,1	27,0
1,25	601	200	100	50,1	1,70	321	107	53,4	26,7

d = Eindruckdurchmesser in mm

d	H Belastung P in kg				d	H Belastung P in kg			
	750	250	125	62,5		750	250	125	62,5
1,71	317	106	52,8	26,4	2,16	195	64,9	32,4	16,2
1,72	313	104	52,2	26,1	2,17	193	64,2	32,1	16,1
1,73	309	103	51,5	25,8	2,18	191	63,6	31,8	15,9
1,74	306	102	50,9	25,5	2,19	189	63,0	31,5	15,8
1,75	302	101	50,3	25,2	2,20	187	62,4	31,2	15,6
1,76	298	99,5	49,7	24,9	2,21	185	61,8	30,9	15,5
1,77	295	98,3	49,2	24,6	2,22	184	61,2	30,6	15,3
1,78	292	97,2	48,6	24,3	2,23	182	60,6	30,3	15,2
1,79	288	96,1	48,0	24,0	2,24	180	60,1	30,0	15,0
1,80	285	95,0	47,5	23,7	2,25	179	59,5	29,8	14,9
1,81	282	93,9	46,9	23,5	2,26	177	59,0	29,5	14,7
1,82	278	92,8	46,4	23,2	2,27	175	58,4	29,2	14,6
1,83	275	91,7	45,9	22,9	2,28	174	57,9	28,9	14,5
1,84	272	90,7	45,4	22,7	2,29	172	57,3	28,7	14,3
1,85	269	89,7	44,9	22,4	2,30	170	56,8	28,4	14,2
1,86	266	88,7	44,4	22,2	2,31	169	56,3	28,1	14,1
1,87	263	87,7	43,9	21,9	2,32	167	55,8	27,9	13,9
1,88	260	86,8	43,4	21,7	2,33	166	55,2	27,6	13,8
1,89	257	85,8	42,9	21,5	2,34	164	54,8	27,4	13,7
1,90	255	84,9	42,4	21,2	2,35	163	54,3	27,1	13,6
1,91	252	84,0	42,0	21,0	2,36	161	53,8	26,9	13,4
1,92	249	83,0	41,5	20,8	2,37	160	53,3	26,6	13,3
1,93	246	82,1	41,1	20,5	2,38	158	52,8	26,4	13,2
1,94	244	81,3	40,6	20,3	2,39	157	52,3	26,2	13,1
1,95	241	80,4	40,2	20,1	2,40	156	51,9	25,9	13,0
1,96	239	79,6	39,8	19,9	2,41	154	51,4	25,7	12,9
1,97	236	78,7	39,4	19,7	2,42	153	51,0	25,5	12,7
1,98	234	77,9	38,9	19,5	2,43	152	50,5	25,3	12,6
1,99	231	77,1	38,5	19,3	2,44	150	50,1	25,0	12,5
2,00	229	76,3	38,1	19,1	2,45	149	49,6	24,8	12,4
2,01	226	75,5	37,7	18,9	2,46	148	49,2	24,6	12,3
2,02	224	74,7	37,3	18,7	2,47	146	48,8	24,4	12,2
2,03	222	73,9	37,0	18,5	2,48	145	48,4	24,2	12,1
2,04	219	73,2	36,6	18,3	2,49	144	47,9	24,0	12,0
2,05	217	72,4	36,2	18,1	2,50	143	47,5	23,8	11,9
2,06	215	71,7	35,8	17,9	2,51	141	47,1	23,6	11,8
2,07	213	71,0	35,5	17,7	2,52	140	46,7	23,4	11,7
2,08	211	70,2	35,1	17,6	2,53	139	46,3	23,2	11,6
2,09	209	69,5	34,8	17,4	2,54	138	45,9	23,0	11,5
2,10	207	68,8	34,4	17,2	2,55	137	45,5	22,8	11,4
2,11	204	68,2	34,1	17,0	2,56	135	45,1	22,6	11,3
2,12	202	67,5	33,7	16,9	2,57	134	44,8	22,4	11,2
2,13	200	66,8	33,4	16,7	2,58	133	44,4	22,2	11,1
2,14	198	66,2	33,1	16,5	2,59	132	44,0	22,0	11,0
2,15	197	65,5	32,8	16,4	2,60	131	43,7	21,8	10,9

d = Eindruckdurchmesser in mm

Härtezahlen nach Brinell bei 5 mm Kugeldurchmesser

d	H Belastung P in kg				d	H Belastung P in kg			
	750	250	125	62,5		750	250	125	62,5
2,61	130	43,3	21,6	10,8	3,06	91,3	30,4	15,2	7,6
2,62	129	42,9	21,5	10,7	3,07	90,6	30,2	15,1	7,6
2,63	128	42,6	21,3	10,6	3,08	90,0	30,0	15,0	7,5
2,64	127	42,2	21,1	10,6	3,09	89,3	29,8	14,9	7,4
2,65	126	41,9	20,9	10,5	3,10	88,7	29,6	14,8	7,4
2,66	125	41,5	20,8	10,4	3,11	88,0	29,3	14,7	7,3
2,67	124	41,2	20,6	10,3	3,12	87,4	29,1	14,6	7,3
2,68	123	40,9	20,4	10,2	3,13	86,7	28,9	14,5	7,2
2,69	122	40,5	20,3	10,1	3,14	86,1	28,7	14,4	7,2
2,70	121	40,2	20,1	10,1	3,15	85,5	28,5	14,2	7,1
2,71	120	39,9	19,9	10,0	3,16	84,9	28,3	14,1	7,1
2,72	119	39,6	19,8	9,9	3,17	84,3	28,1	14,0	7,0
2,73	118	39,2	19,6	9,8	3,18	83,7	27,9	13,9	7,0
2,74	117	38,9	19,5	9,7	3,19	83,1	27,7	13,8	6,9
2,75	116	38,6	19,3	9,7	3,20	82,5	27,5	13,7	6,9
2,76	115	38,3	19,2	9,6	3,21	81,9	27,3	13,6	6,8
2,77	114	38,0	19,0	9,5	3,22	81,3	27,1	13,5	6,8
2,78	113	37,7	18,9	9,4	3,23	80,7	26,9	13,4	6,7
2,79	112	37,4	18,7	9,4	3,24	80,1	26,7	13,4	6,7
2,80	111	37,1	18,6	9,3	3,25	79,6	26,5	13,3	6,6
2,81	110	36,8	18,4	9,2	3,26	79,0	26,3	13,2	6,6
2,82	110	36,5	18,3	9,1	3,27	78,4	26,1	13,1	6,5
2,83	109	36,3	18,1	9,1	3,28	77,9	26,0	13,0	6,5
2,84	108	36,0	18,0	9,0	3,29	77,3	25,8	12,9	6,4
2,85	107	35,7	17,8	8,9	3,30	76,8	25,6	12,8	6,4
2,86	106	35,4	17,7	8,9	3,31	76,2	25,4	12,7	6,4
2,87	105	35,1	17,6	8,8	3,32	75,7	25,2	12,6	6,3
2,88	105	34,9	17,4	8,7	3,33	75,2	25,1	12,5	6,3
2,89	104	34,6	17,3	8,7	3,34	74,7	24,9	12,4	6,2
2,90	103	34,3	17,2	8,6	3,35	74,1	24,7	12,4	6,2
2,91	102	34,1	17,0	8,5	3,36	73,6	24,5	12,3	6,1
2,92	101	33,8	16,9	8,5	3,37	73,1	24,4	12,2	6,1
2,93	101	33,6	16,8	8,4	3,38	72,6	24,2	12,1	6,0
2,94	99,9	33,3	16,7	8,3	3,39	72,1	24,0	12,0	6,0
2,95	99,2	33,1	16,5	8,3	3,40	71,6	23,9	11,9	6,0
2,96	98,4	32,8	16,4	8,2	3,41	71,1	23,7	11,8	5,9
2,97	97,7	32,6	16,3	8,1	3,42	70,6	23,5	11,8	5,9
2,98	96,9	32,3	16,2	8,1	3,43	70,1	23,4	11,7	5,8
2,99	96,2	32,1	16,0	8,0	3,44	69,6	23,2	11,6	5,8
3,00	95,5	31,8	15,9	8,0	3,45	69,2	23,1	11,5	5,8
3,01	94,8	31,6	15,8	7,9	3,46	68,7	22,9	11,4	5,7
3,02	94,1	31,4	15,7	7,8	3,47	68,2	22,7	11,4	5,7
3,03	93,4	31,1	15,6	7,8	3,48	67,7	22,6	11,3	5,6
3,04	92,7	30,9	15,4	7,7	3,49	67,3	22,4	11,2	5,6
3,05	92,0	30,7	15,3	7,7	3,50	66,8	22,3	11,1	5,6

d = Eindruckdurchmesser in mm

Härtezahlen nach Brinell bei 2,5 mm Kugeldurchmesser

d	H Belastung P in kg				d	H Belastung P in kg			
	187,5	62,5	31,25	15,625		187,5	62,5	31,25	15,625
0,41	1411	470	235	117	0,86	313	104	52,2	26,1
0,42	1344	448	224	112	0,87	306	102	50,9	25,5
0,43	1282	427	214	107	0,88	298	99,5	49,7	24,9
0,44	1223	408	204	102	0,89	292	97,2	48,6	24,3
0,45	1169	390	195	97,4	0,90	285	95,0	47,5	23,7
0,46	1119	373	186	93,2	0,91	278	92,8	46,4	23,2
0,47	1071	357	179	89,3	0,92	272	90,7	45,4	22,7
0,48	1027	342	171	85,6	0,93	266	88,7	44,4	22,2
0,49	985	328	164	82,1	0,94	260	86,8	43,4	21,7
0,50	945	315	158	78,8	0,95	255	84,9	42,4	21,2
0,51	908	303	151	75,7	0,96	249	83,0	41,5	20,8
0,52	873	291	146	72,8	0,97	244	81,3	40,6	20,3
0,53	840	280	140	70,0	0,98	239	79,6	39,8	19,9
0,54	809	270	135	67,4	0,99	234	77,9	38,9	19,5
0,55	780	260	130	65,0	1,00	229	76,3	38,1	19,1
0,56	752	251	125	62,6	1,01	224	74,7	37,3	18,7
0,57	725	242	121	60,4	1,02	219	73,2	36,6	18,3
0,58	700	233	117	58,3	1,03	215	71,7	35,8	17,9
0,59	676	225	113	56,3	1,04	211	70,2	35,1	17,6
0,60	653	218	109	54,4	1,05	207	68,8	34,4	17,2
0,61	632	211	105	52,7	1,06	202	67,5	33,7	16,9
0,62	611	204	102	50,9	1,07	198	66,2	33,1	16,5
0,63	592	197	98,6	49,3	1,08	195	64,9	32,4	16,2
0,64	573	191	95,5	47,8	1,09	191	63,6	31,8	15,9
0,65	555	185	92,6	46,3	1,10	187	62,4	31,2	15,6
0,66	538	179	89,7	44,9	1,11	184	61,2	30,6	15,3
0,67	522	174	87,0	43,5	1,12	180	60,1	30,0	15,0
0,68	507	169	84,4	42,2	1,13	177	59,0	29,5	14,7
0,69	492	164	81,9	41,0	1,14	174	57,9	28,9	14,5
0,70	477	159	79,6	39,8	1,15	170	56,8	28,4	14,2
0,71	464	155	77,3	38,7	1,16	167	55,8	27,9	13,9
0,72	451	150	75,1	37,6	1,17	164	54,8	27,4	13,7
0,73	438	146	73,0	36,5	1,18	161	53,8	26,9	13,4
0,74	426	142	71,0	35,5	1,19	158	52,8	26,4	13,2
0,75	415	138	69,1	34,6	1,20	156	51,9	25,9	13,0
0,76	404	135	67,3	33,6	1,21	153	51,0	25,5	12,7
0,77	393	131	65,5	32,7	1,22	150	50,1	25,0	12,5
0,78	383	128	63,8	31,9	1,23	148	49,2	24,6	12,3
0,79	373	124	62,1	31,1	1,24	145	48,4	24,2	12,1
0,80	363	121	60,5	30,3	1,25	143	47,5	23,8	11,9
0,81	354	118	59,0	29,5	1,26	140	46,7	23,4	11,7
0,82	345	115	57,5	28,8	1,27	138	45,9	23,0	11,5
0,83	337	112	56,1	28,1	1,28	135	45,1	22,6	11,3
0,84	329	110	54,8	27,4	1,29	133	44,4	22,2	11,1
0,85	321	107	53,4	26,7	1,30	131	43,7	21,8	10,9

d = Eindruckdurchmesser in mm

Härtezahlen nach Brinell
bei 2,5 mm Kugeldurchmesser

d	H Belastung P in kg				d	H Belastung P in kg			
	187,5	62,5	31,25	15,625		187,5	62,5	31,25	15,625
1,31	129	42,9	21,5	10,7	1,56	87,4	29,1	14,6	7,3
1,32	127	42,2	21,1	10,6	1,57	86,1	28,7	14,4	7,2
1,33	125	41,5	20,8	10,4	1,58	84,9	28,3	14,1	7,1
1,34	123	40,9	20,4	10,2	1,59	83,7	27,9	13,9	7,0
1,35	121	40,2	20,1	10,1	1,60	82,5	27,5	13,7	6,9
1,36	119	39,6	19,8	9,9	1,61	81,3	27,1	13,5	6,8
1,37	117	38,9	19,5	9,7	1,62	80,1	26,7	13,4	6,7
1,38	115	38,3	19,2	9,6	1,63	79,0	26,3	13,2	6,6
1,39	113	37,7	18,9	9,4	1,64	77,9	26,0	13,0	6,5
1,40	111	37,1	18,6	9,3	1,65	76,8	25,6	12,8	6,4
1,41	110	36,5	18,3	9,1	1,66	75,7	25,2	12,6	6,3
1,42	108	36,0	18,0	9,0	1,67	74,7	24,9	12,4	6,2
1,43	106	35,4	17,7	8,9	1,68	73,6	24,5	12,3	6,1
1,44	105	34,9	17,4	8,7	1,69	72,6	24,2	12,1	6,0
1,45	103	34,3	17,2	8,6	1,70	71,6	23,9	11,9	6,0
1,46	101	33,8	16,9	8,5	1,71	70,6	23,5	11,8	5,9
1,47	99,9	33,3	16,7	8,3	1,72	69,6	23,2	11,6	5,8
1,48	98,4	32,8	16,4	8,2	1,73	68,7	22,9	11,4	5,7
1,49	96,9	32,3	16,2	8,1	1,74	67,7	22,6	11,3	5,6
1,50	95,5	31,8	15,9	8,0	1,75	66,8	22,3	11,1	5,6
1,51	94,1	31,4	15,7	7,8					
1,52	92,7	30,9	15,4	7,7					
1,53	91,3	30,4	15,2	7,6					
1,54	90,0	30,0	15,0	7,5					
1,55	88,7	29,6	14,8	7,4					

d = Eindruckdurchmesser in mm

Härtezahlen nach Brinell
bei 1,25 mm Kugeldurchmesser

d	H Belastung P in kg				d	H Belastung P in kg			
	46,9	15,6	7,81	3,91		46,9	15,6	7,81	3,91
20,2		485	243	122	28,2	742	247	124	62,0
20,4		475	238	119	28,4	731	244	122	61,0
20,6		466	233	117	28,6	720	240	120	60,0
20,8		457	229	115	28,8	709	236	118	59,0
21,0		448	224	112	29,0	699	233	117	58,5
21,2		440	220	110	29,2	690	230	115	57,5
21,4		432	216	108	29,4	681	227	114	57,0
21,6		424	212	106	29,6	672	224	112	56,0
21,8		416	208	104	29,8	663	221	111	55,5
22,0		408	204	102	30,0	654	218	109	54,5
22,2		401	201	100	30,2	645	215	108	54,0
22,4		394	197	98,5	30,4	636	212	106	53,0
22,6		387	194	97,0	30,6	628	209	105	52,5
2,28		380	190	95,0	30,8	620	207	104	52,0
23,0		373	187	93,5	31,0	612	204	102	51,0
23,2		366	183	91,5	31,2	604	201	101	50,3
23,4		360	180	90,0	31,4	596	199	99,5	49,8
23,6		354	177	88,5	31,6	588	196	98,0	49,0
23,8		348	174	87,0	31,8	580	193	96,5	48,3
24,0		342	171	85,5	32,0	573	191	95,5	47,8
24,2		336	168	84,0	32,2	565	188	94,0	47,0
24,4	990	330	165	82,5	32,4	558	186	93,0	46,5
24,6	975	325	163	81,5	32,6	551	184	92,0	46,0
24,8	960	320	160	80,0	32,8	544	181	90,5	45,3
25,0	945	315	158	79,0	33,0	537	179	89,7	44,9
25,2	930	310	155	77,5	33,2	531	177	88,5	44,3
25,4	915	305	153	76,5	33,4	525	175	87,5	43,8
25,6	901	300	150	75,0	33,6	519	173	86,5	43,3
25,8	887	296	148	74,0	33,8	513	171	85,5	42,8
26,0	873	291	146	73,0	34,0	507	169	84,5	42,3
26,2	860	286	143	71,5	34,2	501	167	83,5	41,8
26,4	847	282	141	70,5	34,4	495	165	82,5	41,3
26,6	834	278	139	69,5	34,6	489	163	81,5	40,8
26,8	822	274	137	68,5	34,8	483	161	80,5	40,3
27,0	810	270	135	67,5	35,0	477	159	79,6	39,8
27,2	798	266	133	66,5	35,2	471	157	78,5	39,3
27,4	786	262	131	65,5	35,4	465	155	77,5	38,8
27,6	775	258	129	64,5	35,6	460	153	76,5	38,3
27,8	764	254	127	63,5	35,8	455	152	76,0	38,0
28,0	753	251	125	62,5	36,0	450	150	75,1	37,6

d = Eindruckdurchmesser in $^{1}/_{100}$ mm

d	H Belastung P in kg				d	H Belastung P in kg			
	46,9	15,6	7,81	3,91		46,9	15,6	7,81	3,91
36,2	445	148	74,0	37,0	53,0	203	67,5	33,7	16,9
36,4	440	146	73,0	36,5	53,5	199	66,2	33,1	16,6
36,6	435	145	72,5	36,3	54,0	195	64,9	32,4	16,2
36,8	430	143	71,5	35,8	54,5	191	63,6	31,8	15,9
37,0	426	142	71,0	35,5	55,0	187	62,4	31,2	15,6
37,2	421	140	70,0	35,0	55,5	184	61,2	30,6	15,3
37,4	417	139	69,5	34,7	56,0	180	60,1	30,0	15,0
37,6	413	138	69,0	34,5	56,5	177	59,0	29,5	14,8
37,8	409	136	68,0	34,0	57,0	174	57,9	28,9	14,5
38,0	405	135	67,3	33,7	57,5	170	56,8	28,4	14,2
38,2	400	133	66,5	33,3	58,0	167	55,8	27,9	13,9
38,4	396	132	66,0	33,0	58,5	164	54,8	27,4	13,7
38,6	392	131	65,5	32,7	59,0	161	53,8	26,9	13,4
38,8	388	129	64,5	32,3	59,5	158	52,8	26,4	13,2
39,0	384	128	63,8	31,9	60,0	156	51,9	25,9	12,9
39,2	379	126	63,1	31,5	60,5	153	51,0	25,5	12,7
39,4	375	125	62,5	31,3	61,0	150	50,1	25,0	12,5
39,6	371	124	62,0	31,0	61,5	148	49,2	24,6	12,3
39,8	367	122	61,0	30,5	62,0	145	48,4	24,2	12,1
40,0	363	121	60,5	30,3	62,5	143	47,5	23,8	11,9
40,5	354	118	59,0	29,5	63,0	140	46,7	23,4	11,7
41,0	345	115	57,5	28,8	63,5	138	45,9	23,0	11,5
41,5	336	112	56,1	28,1	64,0	135	45,1	22,6	11,3
42,0	330	110	54,8	27,4	64,5	133	44,4	22,2	11,1
42,5	321	107	53,8	26,9	65,0	131	43,7	21,8	10,9
43,0	312	104	52,2	26,1	66	127	42,2	21,1	10,6
43,5	306	102	50,9	25,5	67	123	40,9	20,4	10,2
44,0	299	99,5	49,7	24,8	68	119	39,6	19,8	9,9
44,5	292	97,2	48,6	24,3	69	115	38,3	19,2	9,6
45,0	285	95,0	47,5	23,8	70	111	37,1	18,6	9,3
45,5	278	92,8	46,4	23,2	71	108	36,0	18,0	9,0
46,0	272	90,7	45,4	22,9	72	105	34,9	17,4	8,7
46,5	266	88,7	44,4	22,2	73	101	33,8	16,9	8,4
47,0	260	86,8	43,4	21,7	74	98,4	32,8	16,4	8,2
47,5	254	84,9	42,4	21,2	75	95,4	31,8	15,9	7,9
48,0	249	83,0	41,5	20,8	76	92,7	30,9	15,4	7,7
48,5	244	81,3	40,6	20,3	77	90,0	30,0	15,0	7,5
49,0	239	79,6	39,8	19,9	78	87,3	29,1	14,6	7,3
49,5	234	77,9	38,9	19,5	79	84,9	28,3	14,1	7,1
50,0	229	76,3	38,1	19,1	80	82,5	27,5	13,7	6,9
50,5	224	74,7	37,3	18,7	81	80,1	26,7	13,4	6,7
51,0	220	73,2	36,6	18,3	82	78,0	26,0	13,0	6,5
51,5	215	71,7	35,8	17,9	83	75,6	25,2	12,6	6,3
52,0	211	70,2	35,1	17,6	84	73,5	24,5	12,3	6,1
52,5	206	68,8	34,4	17,2	85	71,7	23,9	11,9	5,9

d = Eindruckdurchmesser in $^1/_{100}$ mm

Härtezahlen nach Brinell
bei 0,625 mm Kugeldurchmesser

d	H Belastung P in kg				d	H Belastung P in kg			
	11,7	3,91	1,953	0,977		11,7	3,91	1,953	0,977
10,1		486	243	122	14,1	742	247	124	62,0
10,2		476	238	119	14,2	732	244	122	61,0
10,3		467	233	117	14,3	721	240	121	60,5
10,4		458	229	115	14,4	711	237	119	59,5
10,5		449	225	113	14,5	700	233	117	58,5
10,6		441	221	111	14,6	690	230	115	57,5
10,7		433	217	109	14,7	681	227	114	57,0
10,8		425	213	107	14,8	672	224	112	56,0
10,9		417	209	105	14,9	663	221	111	55,5
11,0		409	205	103	15,0	654	218	109	54,5
11,1		402	201	101	15,1	645	215	108	54,0
11,2		395	198	99,0	15,2	636	212	106	53,0
11,3		388	194	97,0	15,3	627	209	105	52,5
11,4		382	191	95,5	15,4	618	206	103	51,5
11,5		375	188	94,0	15,5	610	203	102	51,0
11,6		369	185	92,5	15,6	603	201	101	50,5
11,7		362	181	90,5	15,7	595	198	99,0	49,5
11,8		356	178	89,0	15,8	588	196	98,0	49,0
11,9		349	175	87,5	15,9	580	193	96,8	48,4
12,0		343	172	86,0	16,0	573	191	95,5	47,8
12,1		337	169	84,5	16,1	567	189	94,5	47,3
12,2	993	331	166	83,0	16,2	561	187	93,5	46,8
12,3	976	325	163	81,5	16,3	553	184	92,2	46,1
12,4	960	320	160	80,0	16,4	546	182	91,0	45,5
12,5	945	315	157	78,5	16,5	538	179	89,8	44,9
12,6	930	310	155	77,5	16,6	531	177	88,5	44,3
12,7	915	305	153	76,5	16,7	526	175	87,5	43,8
12,8	900	300	150	75,0	16,8	519	173	86,5	43,3
12,9	886	295	148	74,0	16,9	513	171	85,5	42,8
13,0	873	291	146	73,0	17,0	507	169	84,5	42,3
13,1	859	286	144	72,0	17,1	501	167	83,5	41,8
13,2	846	282	141	70,5	17,2	495	165	82,5	41,3
13,3	832	277	139	69,5	17,3	489	163	81,5	40,8
13,4	819	273	137	68,5	17,4	483	161	80,5	40,3
13,5	807	269	135	67,5	17,5	477	159	79,5	39,8
13,6	795	265	133	66,5	17,6	471	157	78,5	39,3
13,7	784	261	131	65,5	17,7	466	155	77,8	38,9
13,8	774	258	129	64,5	17,8	462	154	77,0	38,5
13,9	763	254	127	63,5	17,9	456	152	76,0	38,0
14,0	753	251	126	63,0	18,0	450	150	75,0	37,5

d = Eindruckdurchmesser in $^1/_{100}$ mm

d	H Belastung P in kg				d	H Belastung P in kg			
	11,7	3,91	1,953	0,977		11,7	3,91	1,953	0,977
18,1	446	149	74,5	37,3	22,6	283	94,2	47,1	23,6
18,2	441	147	73,5	36,8	22,7	280	93,3	46,6	23,3
18,3	436	145	72,5	36,3	22,8	277	92,4	46,2	23,1
18,4	432	144	72,0	36,0	22,9	275	91,6	45,8	22,9
18,5	428	143	71,5	35,7	23,0	272	90,7	45,4	22,7
18,6	423	141	70,5	35,3	23,2	267	89,1	44,6	22,3
18,7	418	139	69,5	34,8	23,4	263	87,5	43,8	21,9
18,8	414	138	69,0	34,5	23,6	258	86,0	43,0	21,5
18,9	409	136	68,0	34,0	23,8	254	84,5	42,3	21,2
19,0	405	135	67,5	33,8	24,0	250	83,2	41,6	20,9
19,1	400	133	66,5	33,4	24,2	245	81,8	40,9	20,5
19,2	396	132	66,0	33,0	24,4	241	80,4	40,2	20,1
19,3	391	130	65,6	32,5	24,6	237	79,0	39,5	19,7
19,4	387	129	64,5	32,3	24,8	233	77,6	38,8	19,4
19,5	382	128	64,0	32,0	25,0	229	76,3	38,2	19,1
19,6	378	126	63,0	31,5	25,5	220	73,2	36,6	18,3
19,7	375	125	62,5	31,3	26,0	211	70,2	35,1	17,6
19,8	372	124	62,0	31,0	26,5	203	67,5	33,8	16,9
19,9	367	122	61,0	30,5	27,0	195	64,9	32,5	16,3
20,0	363	121	60,5	30,3	27,5	187	62,4	31,2	15,6
20,1	360	120	60,0	30,0	28,0	180	60,1	30,1	15,0
20,2	357	119	59,5	29,8	28,5	174	57,9	29,2	14,5
20,3	352	117	58,5	29,4	29,0	167	55,8	27,9	13,9
20,4	348	116	58,0	29,0	29,5	161	53,8	26,9	13,5
20,5	345	115	57,5	28,8	30,0	156	51,9	25,9	12,9
20,6	342	114	57,0	28,5	30,5	150	50,1	25,0	12,5
20,7	339	113	56,5	28,3	31,0	145	48,4	24,2	12,1
20,8	336	112	56,0	28,0	31,5	140	46,7	23,4	11,7
20,9	333	111	55,5	27,8	32,0	135	45,1	22,6	11,3
21,0	330	110	55,0	27,5	32,5	131	43,7	21,8	10,9
21,1	327	109	54,5	27,3	33,0	127	42,2	21,1	10,6
21,2	324	108	54,0	27,0	33,5	123	40,9	20,5	10,3
21,3	321	107	53,5	26,8	34,0	119	39,6	19,8	9,9
21,4	318	106	53,0	26,5	34,5	115	38,3	19,2	9,6
21,5	315	105	52,5	26,3	35,0	111	37,1	18,6	9,3
21,6	312	104	52,0	26,0	35,5	108	36,0	18,0	9,0
21,7	309	103	51,5	25,8	36,0	105	34,9	17,4	8,7
21,8	306	102	51,0	25,5	36,5	101	33,8	16,9	8,5
21,9	303	101	50,5	25,2	37,0	98,4	32,8	16,4	8,2
22,0	299	99,6	49,8	24,9	37,5	95,4	31,8	15,9	7,9
22,1	296	98,7	49,3	24,6	38,0	92,7	30,9	15,5	7,7
22,2	293	97,8	48,9	24,4	38,5	90,0	30,0	15,0	7,5
22,3	290	97,0	48,5	24,2	39,0	87,3	29,1	14,6	7,3
22,4	288	96,0	48,0	24,0	39,5	84,9	28,3	14,2	7,1
22,5	285	95,0	47,5	23,8	40,0	82,5	27,5	13,8	6,9

d = Eindruckdurchmesser in $^1/_{100}$ mm

Härtezahlen nach Brinell
bei 3,96 mm Kugeldurchmesser

d	H P in kg		d	H P in kg		d	H P in kg	
	40	50		40	50		40	50
22,2	1034		30,2	559	697	38,2	347	435
22,4	1017		30,4	551	688	38,4	343	430
22,6	1000		30,6	543	679	38,6	339	426
22,6	983		30,8	535	670	38,8	336	422
23,0	967		31,0	528	661	39,0	333	418
23,2	950		31,2	521	653	39,2	329	414
23,4	933		31,4	515	645	39,4	326	410
23,6	916		31,6	509	637	39,6	323	406
23,8	900		31,8	503	629	39,8	320	402
24,0	884		32,0	497	621	40,0	317	398
24,2	870		32,2	491	613	40,5	310	388
24,4	856		32,4	485	605	41,0	302	378
24,6	842		32,6	479	598	41,5	295	370
24,8	828		32,8	473	591	42,0	288	361
25,0	815	1018	33,0	467	584	42,5	282	353
25,2	802	1002	33,2	461	577	43,0	275	345
25,4	789	986	33,4	455	570	43,5	269	337
25,6	676	970	33,6	450	563	44,0	263	329
25,8	764	955	33,8	445	556	44,5	257	322
26,0	752	940	34,0	440	550	45,0	251	314
26,2	741	926	34,2	435	543	45,5	246	307
26,4	730	912	34,4	430	537	46,0	240	300
26,6	720	899	34,6	425	531	46,5	236	295
26,8	710	886	34,8	420	525	47,0	231	289
27,0	700	873	35,0	415	519	47,5	227	284
27,2	689	860	35,2	410	513	48,0	222	278
27,4	679	847	35,4	405	507	48,5	218	273
27,6	869	834	35,6	400	501	49,0	214	267
27,8	659	822	35,8	396	495	49,5	210	262
28,0	649	810	36,0	392	490	50,0	205	256
28,2	640	799	36,2	387	484	50,5	201	251
28,4	632	788	36,4	383	479	51,0	196	245
28,6	624	777	36,6	379	474	51,5	192	240
28,8	616	766	36,8	375	469	52,0	188	235
29,0	608	756	37,0	371	464	52,5	185	231
29,2	599	746	37,2	367	459	53,0	181	226
29,4	591	736	37,4	363	454	53,5	178	217
29,6	583	726	37,6	359	449	54,0	174	213
29,8	575	716	37,8	355	444	54,5	171	209
30,0	567	706	38,0	351	440	55,0	167	206

d = Eindruckdurchmesser in $^1/_{100}$ mm

d	H		d	H		d	H	
	P in kg			P in kg			P in kg	
	40	50		40	50		40	50
55,5	164	206	78,0	82,9	104	116	37,0	46,3
56,0	161	202	78,5	81,9	102	117	36,4	45,4
56,5	159	199	79,0	80,9	101	118	35,8	44,7
57,0	156	195	79,5	79,9	99,7	119	35,2	44,0
57,5	154	192	80,0	78,9	98,5	120	34,6	43,3
58,0	151	188	80,5	77,9	97,3	121	34,0	42,6
58,5	149	185	81,0	76,9	96,1	122	33,4	41,9
59,0	146	182	81,5	75,9	94,8	123	32,8	41,1
59,5	144	179	82,0	74,9	93,6	124	32,3	40,4
60,0	141	176	82,5	74,0	92,5	125	31,8	39,8
60,5	138	173	83,0	73,1	91,4	126	31,3	39,1
61,0	136	170	83,5	72,2	90,3	127	30,8	38,5
61,5	134	167	84,0	71,4	89,3	128	30,3	37,9
62,0	132	165	84,5	70,6	88,3	129	29,8	37,3
62,5	130	162	85,0	69,9	87,3	130	29,3	36,7
63,0	128	160	86	68,4	85,3	131	28,8	36,1
63,5	126	157	87	66,9	83,3	132	28,4	35,5
64,0	124	155	88	65,4	81,3	133	28,0	35,0
64,5	122	152	89	63,9	79,4	134	27,5	34,4
65,0	120	150	90	62,4	77,6	135	27,1	33,9
65,5	118	147	91	60,9	75,9	136	26,7	33,4
66,0	116	145	92	59,4	74,3	137	26,3	32,9
66,5	114	142	93	58,0	72,6	138	25,9	32,4
67,0	113	140	94	56,7	71,0	139	25,5	31,9
67,5	111	138	95	55,5	69,5	140	25,2	31,4
68,0	109	136	96	54,4	68,1	141	24,8	30,9
68,5	107	134	97	53,3	66,6	142	24,4	30,5
69,0	106	132	98	52,2	65,4	143	24,1	30,1
69,5	104	130	99	51,2	64,2	144	23,7	29,7
70,0	103	128	100	50,1	63,0	145	23,4	29,3
70,5	101	126	101	49,1	61,8	146	23,1	28,9
71,0	100	125	102	48,1	60,6	147	22,7	28,5
71,5	98,7	123	103	47,2	59,4	148	22,4	28,1
72,0	97,4	122	104	46,3	58,2	149	22,1	27,7
72,5	96,0	120	105	45,4	57,0	150	21,8	27,3
73,0	94,7	118	106	44,5	55,8	151	21,5	26,9
73,5	93,4	116	107	43,7	54,6	152	21,2	26,5
74,0	92,2	115	108	42,9	53,6	153	20,9	26,1
74,5	90,9	113	109	42,1	52,6	154	20,6	25,8
75,0	89,7	112	110	41,3	51,6	155	20,4	25,5
75,5	88,5	110	111	40,5	50,6	156	20,1	25,1
76,0	87,4	109	112	39,8	49,7	157	19,8	24,8
76,5	86,2	107	113	39,1	48,9	158	19,6	24,5
77,0	85,1	106	114	38,4	48,0	159	19,3	24,2
77,5	84,0	105	115	37,7	47,1	160	19,1	23,9

d = Eindruckdurchmesser in $^1/_{100}$ mm

Härtezahlen nach Vickers

Vickershärte „H_p"
für die Belastung 1 kg

d	H_p	d	H_p	d	H_p	d	H_p
4,1	1104	8,1	283	12,2	125	20,2	45,4
4,2	1052	8,2	276	12,4	121	20,4	44,5
4,3	1003	8,3	269	12,6	117	20,6	43,7
4,4	960	8,4	263	12,8	113	20,8	42,9
4,5	916	8,5	257	13,0	110	21,0	42,1
4,6	876	8,6	251	13,2	106	21,2	41,3
4,7	840	8,7	245	13,4	103	21,4	40,5
4,8	806	8,8	240	13,6	100	21,6	39,7
4,9	772	8,9	234	13,8	97,5	21,8	39,0
5,0	742	9,0	229	14,0	95,0	22,0	38,3
5,1	712	9,1	224	14,2	92,0	22,2	37,6
5,2	685	9,2	219	14,4	89,4	22,4	36,9
5,3	660	9,3	214	14,6	87,0	22,6	36,3
5,4	636	9,4	210	14,8	84,7	22,8	35,7
5,5	614	9,5	205	15,0	82,4	23,0	35,0
5,6	592	9,6	201	15,2	80,3	23,2	34,4
5,7	570	9,7	197	15,4	78,2	23,4	33,9
5,8	550	9,8	193	15,6	76,2	23,6	33,3
5,9	532	9,9	189	15,8	74,3	23,8	32,7
6,0	515	10,0	185	16,0	72,4	24,0	32,2
6,1	499	10,1	181	16,2	70,7	24,2	31,7
6,2	483	10,2	178	16,4	68,9	24,4	31,1
6,3	468	10,3	174	16,6	67,3	24,6	30,6
6,4	454	10,4	171	16,8	65,7	24,8	30,1
6,5	439	10,5	168	17,0	64,2	25,0	29,7
6,6	425	10,6	165	17,2	62,7	25,2	29,2
6,7	413	10,7	162	17,4	61,2	25,4	28,7
6,8	401	10,8	159	17,6	59,8	25,6	28,3
6,9	389	10,9	156	17,8	58,5	25,8	27,9
7,0	378	11,0	153	18,0	57,2	26,0	27,4
7,1	368	11,1	150	18,2	56,0	26,5	26,4
7,2	358	11,2	148	18,4	54,8	27,0	25,4
7,3	348	11,3	145	18,6	53,6	27,5	24,5
7,4	339	11,4	143	18,8	52,5	28,0	23,6
7,5	330	11,5	140	19,0	51,4	28,5	22,8
7,6	321	11,6	138	19,2	50,3	29,0	22,0
7,7	313	11,7	135	19,4	49,3	29,5	21,3
7,8	305	11,8	133	19,6	48,3	30,0	20,6
7,9	297	11,9	131	19,8	47,3	30,5	19,9
8,0	290	12,0	129	20,0	46,4	31,0	19,3

Vickershärte $H_p = \dfrac{1,854\,P}{d^2}$ in kg/mm².

d = Länge der Eindruckdiagonale in $^1/_{100}$ mm.

Vickershärte „H_p"
für die Belastung 2 kg

d	H_p	d	H_p	d	H_p	d	H_p
		9,6	403	13,6	200	21,2	82,5
		9,7	394	13,7	197	21,4	81,0
5,8	1102	9,8	386	13,8	194	21,6	79,5
5,9	1066	9,9	378	13,9	191	21,8	78,0
6,0	1030	10,0	371	14,0	189	22,0	76,6
6,1	997	10,1	363	14,2	184	22,2	75,2
6,2	965	10,2	356	14,4	179	22,4	73,9
6,3	936	10,3	349	14,6	174	22,6	72,6
6,4	908	10,4	342	14,8	169	22,8	71,3
6,5	879	10,5	336	15,0	165	23,0	70,1
6,6	850	10,6	330	15,2	161	23,5	67,1
6,7	827	10,7	324	15,4	156	24,0	64,4
6,8	803	10,8	318	15,6	152	24,5	61,8
6,9	779	10,9	312	15,8	149	25,0	59,3
7,0	756	11,0	307	16,0	145	25,5	57,0
7,1	736	11,1	301	16,2	141	26,0	54,9
7,2	716	11,2	296	16,4	138	26,5	52,8
7,3	697	11,3	290	16,6	135	27,0	50,9
7,4	678	11,4	285	16,8	131	27,5	49,0
7,5	660	11,5	280	17,0	128	28,0	47,3
7,6	642	11,6	275	17,2	125	28,5	45,6
7,7	626	11,7	270	17,4	122	29,0	44,1
7,8	610	11,8	266	17,6	120	29,5	42,6
7,9	595	11,9	261	17,8	117	30,0	41,2
8,0	580	12,0	257	18,0	114	30,5	39,9
8,1	566	12,1	253	18,2	112	31,0	38,6
8,2	552	12,2	249	18,4	110	31,5	37,4
8,3	539	12,3	245	18,6	107	32,0	36,2
8,4	526	12,4	241	18,8	105	32,5	35,1
8,5	514	12,5	237	19,0	102	33,0	34,1
8,6	502	12,6	234	19,2	100,6	33,5	33,1
8,7	491	12,7	230	19,4	98,5	34,0	32,1
8,8	480	12,8	227	19,6	96,5	34,5	31,2
8,9	469	12,9	223	19,8	94,6	35,0	30,3
9,0	458	13,0	220	20,0	92,7	35,5	29,4
9,1	448	13,1	216	20,2	90,9	36,0	28,6
9,2	438	13,2	213	20,4	89,1	37,0	27,1
9,3	429	13,3	209	20,6	87,4	38,0	25,7
9,4	420	13,4	206	20,8	85,7	39,0	24,4
9,5	411	13,5	203	21,0	84,1	40,0	23,2

Vickershärte $H_p = \dfrac{1{,}854\ P}{d^2}$ in kg/mm².

d = Länge der Eindruckdiagonale in $^1/_{100}$ mm.

Vickershärte „H_p"
für die Belastung 3 kg

d	H_p	d	H_p	d	H_p	d	H_p
7,1	1103	11,1	452	16,2	213	24,2	95,0
7,2	1073	11,2	444	16,4	208	24,4	93,4
7,3	1045	11,3	436	16,6	203	24,6	91,9
7,4	1018	11,4	428	16,8	198	24,8	90,5
7,5	990	11,5	420	17,0	193	25,0	89,0
7,6	963	11,6	412	17,2	188	25,5	85,5
7,7	939	11,7	405	17,4	184	26,0	82,3
7,8	915	11,8	399	17,6	180	26,5	79,2
7,9	892	11,9	392	17,8	176	27,0	76,3
8,0	870	12,0	386	18,0	172	27,5	73,5
8,1	849	12,1	380	18,2	168	28,0	70,9
8,2	828	12,2	375	18,4	164	28,5	68,5
8,3	809	12,3	368	18,6	161	29,0	66,1
8,4	790	12,4	362	18,8	157	29,5	63,9
8,5	771	12,5	356	19,0	154	30,0	61,8
8,6	752	12,6	351	19,2	151	30,5	59,8
8,7	736	12,7	345	19,4	148	31,0	57,9
8,8	720	12,8	340	19,6	145	31,5	56,1
8,9	703	12,9	335	19,8	142	32,0	54,3
9,0	687	13,0	330	20,0	139	32,5	52,7
9,1	672	13,1	325	20,2	136	33,0	51,1
9,2	658	13,2	320	20,4	134	33,5	49,6
9,3	644	13,3	315	20,6	131	34,0	48,1
9,4	630	13,4	310	20,8	129	34,5	46,7
9,5	617	13,5	305	21,0	126	35,0	45,4
9,6	605	13,6	301	21,2	124	35,5	44,1
9,7	592	13,7	296	21,4	121	36,0	42,9
9,8	579	13,8	292	21,6	119	36,5	41,8
9,9	567	13,9	288	21,8	117	37,0	40,6
10,0	556	14,0	284	22,0	115	37,5	39,6
10,1	545	14,2	276	22,2	113	38,0	38,5
10,2	535	14,4	269	22,4	111	38,5	37,5
10,3	524	14,6	262	22,6	109	39,0	36,6
10,4	513	14,8	255	22,8	107	39,5	35,7
10,5	504	15,0	248	23,0	105	40,0	34,8
10,6	495	15,2	242	23,2	103	41,0	33,1
10,7	486	15,4	236	23,4	102	42,0	31,5
10,8	477	15,6	230	23,6	99,2	43,0	30,1
10,9	468	15,8	224	23,8	98,2	44,0	28,7
11,0	460	16,0	218	24,0	96,6	45,0	27,5

Vickershärte $H_p = \dfrac{1{,}854\ P}{d^2}$ in kg/mm².

d = Länge der Eindruckdiagonale in $^1/_{100}$ mm.

Vickershärte „H$_p$"
für die Belastung 4 kg

d	H$_p$	d	H$_p$	d	H$_p$	d	H$_p$
		12,1	506	18,2	224	28,0	94,6
8,2	1104	12,2	498	18,4	219	28,5	91,3
8,3	1078	12,3	490	18,6	214	29,0	88,2
8,4	1052	12,4	482	18,8	210	29,5	85,2
8,5	1028	12,5	475	19,0	205	30,0	82,4
8,6	1004	12,6	468	19,2	201	30,5	79,7
8,7	982	12,7	461	19,4	197	31,0	77,2
8,8	960	12,8	454	19,6	193	31,5	74,7
8,9	938	12,9	447	19,8	189	32,0	72,4
9,0	916	13,0	440	20,0	185	32,5	70,2
9,1	896	13,1	433	20,2	182	33,0	68,1
9,2	876	13,2	426	20,4	178	33,5	66,1
9,3	858	13,3	419	20,6	175	34,0	64,2
9,4	840	13,4	412	20,8	171	34,5	62,3
9,5	823	13,5	406	21,0	168	35,0	60,5
9,6	806	13,6	400	21,2	165	36	57,2
9,7	789	13,7	394	21,4	162	37	54,2
9,8	772	13,8	388	21,6	159	38	51,4
9,9	757	13,9	383	21,8	156	39	48,8
10,0	742	14,0	378	22,0	153	40	46,4
10,1	727	14,2	368	22,2	150	41	44,1
10,2	712	14,4	358	22,4	148	42	42,0
10,3	698	14,6	348	22,6	145	43	40,1
10,4	684	14,8	339	22,8	143	44	38,3
10,5	672	15,0	330	23,0	140	45	36,6
10,6	660	15,2	321	23,2	138	46	35,0
10,7	648	15,4	313	23,4	135	47	33,6
10,8	636	15,6	305	23,6	133	48	32,2
10,9	625	15,8	297	23,8	130	49	30,9
11,0	614	16,0	290	24,0	129	50	29,7
11,1	603	16,2	283	24,2	127	51	28,5
11,2	592	16,4	276	24,4	125	52	27,4
11,3	581	16,6	269	24,6	123	53	26,4
11,4	570	16,8	263	24,8	121	54	25,4
11,5	560	17,0	257	25,0	119	55	24,5
11,6	550	17,2	251	25,5	114	56	23,6
11,7	541	17,4	245	26,0	110	57	22,8
11,8	532	17,6	239	26,5	106	58	22,0
11,9	523	17,8	234	27,0	102	59	21,3
12,0	514	18,0	229	27,5	98,1	60	20,6

Vickershärte $H_p = \dfrac{1{,}854\,P}{d^2}$ in kg/mm².

d = Länge der Eindruckdiagonale in $^1/_{100}$ mm.

Vickershärte „H$_p$"
für die Belastung 5 kg

d	H$_p$	d	H$_p$	d	H$_p$	d	H$_p$	d	H$_p$
9,1	1120	13,1	541	20,2	227	33,0	85,1		
9,2	1095	13,2	532	20,4	223	33,5	82,6		
9,3	1072	13,3	523	20,6	218	34,0	80,2		
9,4	1050	13,4	515	20,8	214	34,5	77,9		
9,5	1027	13,5	507	21,0	210	35,0	75,7		
9,6	1005	13,6	500	21,2	206	35,5	73,6		
9,7	985	13,7	492	21,4	202	36,0	71,5		
9,8	965	13,8	485	21,6	199	36,5	69,6		
9,9	946	13,9	478	21,8	195	37,0	67,7		
10,0	928	14,0	472	22,0	192	37,5	65,9		
10,1	910	14,2	460	22,2	188	38,0	64,2		
10,2	892	14,4	447	22,4	185	38,5	62,6		
10,3	873	14,6	435	22,6	181	39,0	60,9		
10,4	855	14,8	423	22,8	178	39,5	59,4		
10,5	840	15,0	412	23,0	175	40,0	57,9		
10,6	825	15,2	401	23,2	172	41	55,1		
10,7	810	15,4	391	23,4	169	42	52,6		
10,8	795	15,6	381	23,6	166	43	50,1		
10,9	781	15,8	371	23,8	164	44	47,9		
11,0	767	16,0	362	24,0	161	45	45,8		
11,1	743	16,2	353	24,2	158	46	43,8		
11,2	739	16,4	345	24,4	156	47	42,0		
11,3	725	16,6	336	24,6	153	48	40,2		
11,4	712	16,8	328	24,8	151	49	38,6		
11,5	699	17,0	321	25,0	148	50	37,1		
11,6	687	17,2	313	25,5	143	51	35,6		
11,7	676	17,4	306	26,0	137	52	34,3		
11,8	665	17,6	299	26,5	132	53	33,0		
11,9	653	17,8	293	27,0	127	54	31,8		
12,0	642	18,0	286	27,5	123	55	30,6		
12,1	632	18,2	280	28,0	118	56	29,6		
12,2	622	18,4	274	28,5	114	57	28,5		
12,3	612	18,6	268	29,0	110	58	27,6		
12,4	602	18,8	262	29,5	107	59	26,7		
12,5	593	19,0	257	30,0	103	60	25,8		
12,6	585	19,2	252	30,5	99,6	61	24,9		
12,7	576	19,4	246	31,0	96,5	62	24,1		
12,8	567	19,6	241	31,5	93,4	63	23,4		
12,9	558	19,8	236	32,0	90,5	64	22,6		
13,0	550	20,0	232	32,5	87,8	65	21,9		

Vickershärte $H_p = \dfrac{1{,}854\,P}{d^2}$ in kg/mm².

d = Länge der Eindruckdiagonale in $^1/_{100}$ mm.

Vickershärte „H$_p$"
für die Belastung 10 kg

d	H$_p$	d	H$_p$	d	H$_p$	d	H$_p$
13,1	1083	19,2	503	27,2	251	46	87,6
13,2	1065	19,4	493	27,4	247	47	83,9
13,3	1047	19,6	483	27,6	243	48	80,5
13,4	1030	19,8	473	27,8	239	49	77,2
13,5	1015	20,0	464	28,0	236	50	74,2
13,6	1000	20,2	454	28,2	233	51	71,3
13,7	985	20,4	445	28,4	230	52	68,6
13,8	970	20,6	437	28,6	227	53	66,0
13,9	957	20,8	429	28,8	224	54	63,6
14,0	945	21,0	420	29,0	220	55	61,3
14,1	932	21,2	413	29,2	217	56	59,1
14,2	920	21,4	405	29,4	214	57	57,1
14,3	907	21,6	397	29,6	212	58	55,1
14,4	895	21,8	390	29,8	209	59	53,3
14,5	882	22,0	383	30,0	206	60	51,5
14,6	870	22,2	376	30,5	199	61	49,8
14,7	858	22,4	369	31,0	193	62	48,2
14,8	847	22,6	363	31,5	187	63	46,7
14,9	835	22,8	357	32,0	181	64	45,3
15,0	824	23,0	350	32,5	176	65	43,9
15,2	803	23,2	344	33,0	170	66	42,6
15,4	782	23,4	339	33,5	165	67	41,3
15,6	762	23,6	333	34,0	160	68	40,1
15,8	743	23,8	327	34,5	156	69	38,9
16,0	724	24,0	322	35,0	151	70	37,8
16,2	707	24,2	317	35,5	147	71	36,8
16,4	689	24,4	311	36,0	143	72	35,8
16,6	673	24,6	306	36,5	139	73	34,8
16,8	657	24,8	301	37,0	135	74	33,9
17,0	642	25,0	297	37,5	132	75	33,0
17,2	627	25,2	292	38,0	128	76	32,1
17,4	612	25,4	287	38,5	125	77	31,3
17,6	598	25,6	283	39,0	122	78	30,5
17,8	585	25,8	279	39,5	119	79	29,7
18,0	572	26,0	274	40,0	116	80	29,0
18,2	560	26,2	270	41	110	81	28,3
18,4	548	26,4	266	42	105	82	27,6
18,6	536	26,6	262	43	100	83	26,9
18,8	525	26,8	258	44	95,7	84	26,3
19,0	514	27,0	254	45	91,6	85	25,7

Vickershärte $H_p = \dfrac{1{,}854\ P}{d^2}$ in kg/mm².

d = Länge der Eindruckdiagonale in $^1/_{100}$ mm.

Vickershärte „H_p"
für die Belastung 20 kg

d	H_p	d	H_p	d	H_p	d	H_p
18,6	1072	22,6	726	28,2	466	56	118
18,7	1062	22,7	720	28,4	460	57	114
18,8	1049	22,8	713	28,6	453	58	110
18,9	1038	22,9	707	28,8	447	59	107
19,0	1028	23,0	701	29,0	441	60	103
19,1	1016	23,1	695	29,2	435	61	99,7
19,2	1005	23,2	689	29,4	429	62	96,5
19,3	994	23,3	683	29,6	423	63	93,4
19,4	984	23,4	677	29,8	418	64	90,5
19,5	974	23,5	671	30,0	412	65	87,8
19,6	964	23,6	666	30,5	399	66	85,1
19,7	954	23,7	660	31,0	386	67	82,6
19,8	945	23,8	655	31,5	374	68	80,2
19,9	936	23,9	649	32,0	362	69	77,9
20,0	928	24,0	644	32,5	351	70	75,7
20,1	918	24,1	638	33,0	340	71	73,6
20,2	908	24,2	633	33,5	330	72	71,5
20,3	900	24,3	628	34,0	321	73	69,6
20,4	891	24,4	623	34,5	312	74	67,7
20,5	882	24,5	618	35,0	303	75	65,9
20,6	874	24,6	613	36	286	76	64,2
20,7	865	24,7	608	37	271	77	62,5
20,8	857	24,8	603	38	257	78	60,9
20,9	849	24,9	598	39	244	79	59,4
21,0	841	25,0	593	40	232	80	57,9
21,1	833	25,2	584	41	220	81	56,5
21,2	825	25,4	575	42	210	82	55,1
21,3	817	25,6	566	43	201	83	53,8
21,4	810	25,8	557	44	192	84	52,6
21,5	802	26,0	549	45	183	85	51,3
21,6	795	26,2	540	46	176	86	50,1
21,7	787	26,4	532	47	168	87	49,0
21,8	780	26,6	524	48	161	88	47,9
21,9	773	26,8	516	49	154	89	46,8
22,0	766	27,0	509	50	148	90	45,8
22,1	759	27,2	501	51	143	91	44,8
22,2	752	27,4	494	52	137	92	43,8
22,3	746	27,6	487	53	132	93	42,9
22,4	739	27,8	480	54	127	94	42,0
22,5	732	28,0	473	55	123	95	41,2

Vickershärte $H_p = \dfrac{1{,}854\ P}{d^2}$ in kg/mm².

d = Länge der Eindruckdiagonale in $^1/_{100}$ mm.

Vickershärte „H$_p$"
für die Belastung 30 kg

d	H$_p$	d	H$_p$	d	H$_p$	d	H$_p$
		30,2	610	38,2	381	56	178
22,4	1108	30,4	602	38,4	377	57	171
22,6	1089	30,6	594	38,6	373	58	165
22,8	1070	30,8	586	38,8	370	59	160
23,0	1052	31,0	579	39,0	366	60	155
23,2	1033	31,2	571	39,2	362	61	150
23,4	1016	31,4	564	39,4	358	62	145
23,6	998	31,6	557	39,6	355	63	140
23,8	982	31,8	550	39,8	351	64	136
24,0	966	32,0	543	40,0	348	65	132
24,2	950	32,2	536	40,5	339	66	128
24,4	934	32,4	530	41,0	330	67	124
24,6	919	32,6	523	41,5	322	68	120
24,8	904	32,8	517	42,0	315	69	117
25,0	890	33,0	510	42,5	308	70	114
25,2	876	33,2	504	43,0	301	71	110
25,4	862	33,4	498	43,5	294	72	107
25,6	849	33,6	493	44,0	287	73	104
25,8	830	33,8	487	44,5	280	74	102
26,0	822	34,0	482	45,0	274	75	98,9
26,2	810	34,2	475	45,5	268	76	96,3
26,4	798	34,4	470	46,0	262	77	93,8
26,6	786	34,6	465	46,5	256	78	91,4
26,8	774	34,8	459	47,0	251	79	89,1
27,0	763	35,0	454	47,5	246	80	86,9
27,2	752	35,2	449	48,0	241	81	84,8
27,4	741	35,4	444	48,5	236	82	82,7
27,6	730	35,6	439	49,0	231	83	80,7
27,8	720	35,8	434	49,5	226	84	78,8
28,0	709	36,0	429	50,0	222	85	77,0
28,2	699	36,2	425	50,5	218	86	75,2
28,4	690	36,4	420	51,0	214	87	73,5
28,6	680	36,6	415	51,5	210	88	71,8
28,8	670	36,8	411	52,0	206	89	70,2
29,0	661	37,0	407	52,5	202	90	68,7
29,2	652	37,2	402	53,0	198	91	67,2
29,4	643	37,4	398	53,5	194	92	65,7
29,6	635	37,6	393	54,0	191	93	64,3
29,8	626	37,8	389	54,5	188	94	62,9
30,0	618	38,0	385	55,0	185	95	61,6

Vickershärte $H_p = \dfrac{1{,}854\ P}{d^2}$ in kg/mm².

d = Länge der Eindruckdiagonale in $^1/_{100}$ mm.

Vickershärte „H$_p$"
für die Belastung 40 kg

d	H$_p$	d	H$_p$	d	H$_p$	d	H$_p$
26,2	1080	34,2	634	45,5	359	71	147
26,4	1064	34,4	627	46,0	352	72	143
26,6	1048	34,6	620	46,5	344	73	139
26,8	1033	34,8	613	47,0	336	74	135
27,0	1017	35,0	606	47,5	329	75	132
27,2	1002	35,2	599	48,0	322	76	128
27,4	998	35,4	592	48,5	315	77	125
27,6	774	35,6	585	49,0	309	78	122
27,8	960	35,8	578	49,5	303	79	119
28,0	946	36,0	572	50,0	297	80	116
28,2	933	36,2	566	50,5	291	81	113
28,4	919	36,4	560	51,0	285	82	110
28,6	907	36,6	554	51,5	280	83	108
28,8	894	36,8	548	52,0	274	84	105
29,0	882	37,0	542	52,5	269	85	103
29,2	870	37,2	536	53,0	264	86	100
29,4	858	37,4	530	53,5	259	87	98,0
29,6	846	37,6	524	54,0	254	88	95,8
29,8	835	37,8	519	54,5	250	89	93,6
30,0	824	38,0	514	55,0	246	90	91,6
30,2	813	38,2	508	55,5	241	91	89,6
30,4	802	38,4	503	56,0	236	92	87,6
30,6	792	38,6	498	56,5	232	93	85,7
30,8	782	38,8	493	57,0	228	94	83,9
31,0	772	39,0	488	57,5	224	95	82,1
31,2	762	39,2	483	58,0	220	96	80,5
31,4	752	39,4	478	58,5	217	97	78,8
31,6	743	39,6	473	59,0	213	98	77,2
31,8	734	39,8	468	59,5	209	99	75,7
32,0	724	40,0	464	60,0	206	100	74,2
32,2	715	40,5	452	61	199	101	72,7
32,4	706	41,0	440	62	193	102	71,3
32,6	698	41,5	430	63	187	103	69,9
32,8	689	42,0	420	64	181	104	68,6
33,0	681	42,5	411	65	176	105	67,3
33,2	673	43,0	402	66	170	106	66,0
33,4	665	43,5	393	67	165	107	64,8
33,6	657	44,0	384	68	160	108	63,6
33,8	649	44,5	375	69	156	109	62,4
34,0	642	45,0	366	70	151	110	61,3

Vickershärte $H_p = \dfrac{1{,}854\ P}{d^2}$ in kg/mm².

d = Länge der Eindruckdiagonale in $^1/_{100}$ mm.

Vickershärte „H$_p$"
für die Belastung 50 kg

d	H$_p$	d	H$_p$	d	H$_p$	d	H$_p$
29,2	1087	37,2	670	53,0	330	86	125
29,4	1072	37,4	663	53,5	324	87	122
29,6	1058	37,6	656	54,0	319	88	120
29,8	1044	37,8	649	54,5	312	89	117
30,0	1030	38,0	642	55,0	307	90	114
30,2	1016	38,2	635	55,5	301	91	112
30,4	1003	38,4	628	56,0	296	92	110
30,6	990	38,6	622	56,5	290	93	107
30,8	977	38,8	616	57,0	285	94	105
31,0	965	39,0	610	57,5	280	95	103
31,2	952	39,2	603	58,0	275	96	101
31,4	940	39,4	597	58,5	270	97	98,5
31,6	928	39,6	591	59,0	265	98	96,5
31,8	918	39,8	585	59,5	261	99	94,6
32,0	908	40,0	580	60,0	257	100	92,7
32,2	894	40,5	566	61	249	101	90,9
32,4	883	41,0	552	62	241	102	89,1
32,6	872	41,5	539	63	234	103	87,4
32,8	861	42,0	526	64	227	104	85,7
33,0	851	42,5	514	65	220	105	84,1
33,2	841	43,0	502	66	213	106	82,5
33,4	831	43,5	491	67	206	107	81,0
33,6	821	44,0	480	68	200	108	79,5
33,8	812	44,5	469	69	194	109	78,0
34,0	802	45,0	458	70	189	110	76,6
34,2	792	45,5	448	71	184	111	75,2
34,4	783	46,0	438	72	179	112	73,9
34,6	774	46,5	429	73	174	113	72,6
34,8	765	47,0	420	74	169	114	71,3
35,0	756	47,5	411	75	165	115	70,1
35,2	748	48,0	403	76	160	116	68,9
35,4	740	48,5	394	77	156	117	67,7
35,6	732	49,0	386	78	152	118	66,6
35,8	724	49,5	378	79	149	119	65,5
36,0	716	50,0	371	80	145	120	64,4
36,2	708	50,5	363	81	141	121	63,3
36,4	700	51,0	356	82	138	122	62,3
36,6	692	51,5	349	83	135	123	61,3
36,8	685	52,0	342	84	131	124	60,3
37,0	678	52,5	336	85	128	125	59,3

Vickershärte $H_p = \dfrac{1{,}854\,P}{d^2}$ in kg/mm².

d = Länge der Eindruckdiagonale in $^1/_{100}$ mm.

Vickershärte „H_p"
für die Belastung 60 kg

d	H_p	d	H_p	d	H_p	d	H_p
		39,2	724	61	299	101	109
		39,4	717	62	289	102	107
31,6	1114	39,6	709	63	280	103	105
31,8	1100	39,8	702	64	272	104	103
32,0	1086	40,0	696	65	263	105	101
32,2	1073	40,5	678	66	255	106	99,0
32,4	1059	41,0	660	67	248	107	97,2
32,6	1046	41,5	645	68	241	108	95,4
32,8	1034	42,0	630	69	234	109	93,6
33,0	1021	42,5	616	70	227	110	92,0
33,2	1009	43,0	602	71	221	111	90,3
33,4	997	43,5	588	72	215	112	88,7
33,6	985	44,0	574	73	209	113	87,1
33,8	974	44,5	561	74	203	114	85,6
34,0	962	45,0	548	75	198	115	84,1
34,2	951	45,5	536	76	193	116	82,6
34,4	940	46,0	524	77	188	117	81,3
34,6	929	46,5	513	78	183	118	79,9
34,8	919	47,0	502	79	178	119	78,6
35,0	908	47,5	492	80	174	120	77,3
35,2	898	48,0	482	81	170	121	76,0
35,4	888	48,5	472	82	166	122	74,8
35,6	878	49,0	462	83	162	123	73,5
35,8	868	49,5	453	84	158	124	72,3
36,0	858	50,0	444	85	154	125	71,2
36,2	849	50,5	436	86	150	126	70,1
36,4	840	51,0	428	87	147	127	69,0
36,6	831	51,5	420	88	144	128	67,9
36,8	822	52,0	412	89	140	129	66,9
37,0	813	52,5	404	90	137	130	65,8
37,2	804	53,0	396	91	134	131	64,8
37,4	795	53,5	389	92	131	132	63,9
37,6	787	54,0	382	93	129	133	62,9
37,8	778	54,5	376	94	126	134	61,9
38,0	770	55,0	370	95	123	135	61,0
38,2	762	56	356	96	121	136	60,1
38,4	754	57	342	97	118	137	59,3
38,6	747	58	330	98	116	138	58,4
38,8	739	59	319	99	114	139	57,6
39,0	732	60	309	100	111	140	56,8

Vickershärte $H_p = \dfrac{1{,}854\ P}{d^2}$ in kg/mm².

d = Länge der Eindruckdiagonale in $^1/_{100}$ mm.

Vickershärte „H_p"
für die Belastung 80 kg

d	H_p	d	H_p	d	H_p	d	H_p
		44,2	759	66	341	106	132
		44,4	753	67	330	107	130
36,6	1119	44,6	746	68	321	108	127
36,8	1095	44,8	739	69	312	109	125
37,0	1083	45,0	732	70	303	110	123
37,2	1072	45,5	717	71	294	111	120
37,4	1060	46,0	702	72	286	112	118
37,6	1049	46,5	687	73	278	113	116
37,8	1038	47,0	672	74	271	114	114
38,0	1027	47,5	658	75	264	115	112
38,2	1016	48,0	644	76	257	116	110
38,4	1005	48,5	631	77	250	117	108
38,6	995	49,0	618	78	244	118	107
38,8	985	49,5	606	79	238	119	105
39,0	975	50,0	594	80	232	120	103
39,2	965	50,5	582	81	226	121	101
39,4	956	51,0	570	82	221	122	99,7
39,6	946	51,5	559	83	215	123	98,0
39,8	936	52,0	548	84	210	124	96,4
40,0	927	52,5	538	85	205	125	94,9
40,2	918	53,0	528	86	201	126	93,4
40,4	909	53,5	518	87	196	127	91,9
40,6	900	54,0	508	88	192	128	90,5
40,8	891	54,5	499	89	187	129	89,1
41,0	882	55,0	490	90	183	130	87,7
41,2	874	55,5	481	91	179	131	86,4
41,4	865	56,0	472	92	175	132	85,1
41,6	857	56,5	464	93	171	133	83,8
41,8	849	57,0	456	94	168	134	82,6
42,0	841	57,5	448	95	164	135	81,3
42,2	833	58,0	440	96	161	136	80,1
42,4	825	58,5	433	97	158	137	79,0
42,6	817	59,0	426	98	154	138	77,9
42,8	809	59,5	419	99	151	139	76,8
43,0	802	60,0	412	100	148	140	75,7
43,2	795	61	396	101	145	142	73,6
43,4	787	62	386	102	143	144	71,5
43,6	780	63	374	103	140	146	69,6
43,8	773	64	362	104	137	148	67,7
44,0	766	65	352	105	135	150	65,9

Vickershärte $H_p = \dfrac{1{,}854\ P}{d^2}$ in kg/mm².

d = Länge der Eindruckdiagonale in $^1/_{100}$ mm.

Vickershärte „H$_p$"
für die Belastung 100 kg

d	H$_p$	d	H$_p$	d	H$_p$	d	H$_p$
41,2	1093	49,2	766	76	321	116	138
41,4	1082	49,4	760	77	313	117	135
41,6	1071	49,6	754	78	305	118	133
41,8	1061	49,8	748	79	297	119	131
42,0	1051	50,0	742	80	290	120	129
42,2	1041	50,5	727	81	283	121	127
42,4	1031	51,0	712	82	276	122	125
42,6	1021	51,5	698	83	269	123	123
42,8	1012	52,0	685	84	263	124	121
43,0	1003	52,5	672	85	257	125	119
43,2	994	53,0	660	86	251	126	117
43,4	984	53,5	648	87	245	127	115
43,6	975	54,0	636	88	240	128	113
43,8	967	54,5	615	89	234	129	111
44,0	958	55,0	614	90	229	130	110
44,2	949	55,5	603	91	224	131	108
44,4	941	56,0	592	92	219	132	106
44,6	932	56,5	581	93	214	133	105
44,8	924	57,0	570	94	210	134	103
45,0	916	57,5	560	95	205	135	102
45,2	907	58,0	550	96	201	136	100
45,4	900	58,5	541	97	197	137	98,8
45,6	892	59,0	532	98	193	138	97,4
45,8	884	59,5	523	99	189	139	96,0
46,0	876	60,0	515	100	185	140	94,6
46,2	869	61	499	101	181	142	92,0
46,4	861	62	483	102	178	144	89,4
46,6	854	63	468	103	174	146	87,0
46,8	847	64	454	104	171	148	84,7
47,0	840	65	439	105	168	150	82,4
47,2	832	66	425	106	165	152	80,3
47,4	825	67	413	107	162	154	78,2
47,6	818	68	401	108	159	156	76,2
47,8	811	69	389	109	156	158	74,3
48,0	805	70	378	110	153	160	72,4
48,2	798	71	368	111	150	162	70,7
48,4	791	72	358	112	148	164	68,9
48,6	785	73	348	113	145	166	67,3
48,8	779	74	339	114	143	168	65,7
49,0	772	75	330	115	140	170	64,2

Vickershärte $H_p = \dfrac{1{,}854\ P}{d^2}$ in kg/mm².

d = Länge der Eindruckdiagonale in $^1/_{100}$ mm.

Vickershärte „H_p"
für die Belastung 120 kg

d	H_p	d	H_p	d	H_p	d	H_p
45,2	1089	53,2	786	71	441	111	181
45,4	1079	53,4	780	72	429	112	177
45,6	1070	53,6	774	73	417	113	174
45,8	1060	53,8	769	74	406	114	171
46,0	1051	54,0	763	75	396	115	168
46,2	1042	54,2	757	76	385	116	165
46,4	1033	54,4	752	77	375	117	163
46,6	1024	54,6	746	78	366	118	160
46,8	1016	54,8	741	79	356	119	157
47,0	1008	55,0	735	80	348	120	155
47,2	999	55,5	722	81	339	122	150
47,4	990	56,0	709	82	331	124	145
47,6	982	56,5	697	83	323	126	140
47,8	974	57,0	685	84	315	128	136
48,0	966	57,5	673	85	308	130	132
48,2	958	58,0	661	86	301	132	128
48,4	950	58,5	650	87	294	134	124
48,6	942	59,0	639	88	287	136	120
48,8	934	59,5	628	89	281	138	117
49,0	927	60,0	618	90	275	140	114
49,2	919	60,5	608	91	269	142	110
49,4	912	61,0	598	92	263	144	107
49,6	904	61,5	588	93	257	146	104
49,8	897	62,0	579	94	252	148	102
50,0	890	62,5	570	95	247	150	98,9
50,2	883	63,0	561	96	241	152	96,3
50,4	876	63,5	552	97	236	154	93,8
50,6	869	64,0	543	98	232	156	91,4
50,8	862	64,5	534	99	227	158	89,1
51,0	855	65,0	526	100	222	160	86,9
51,2	849	65,5	518	101	218	162	84,8
51,4	842	66,0	510	102	214	164	82,7
51,6	835	66,5	503	103	210	166	80,7
51,8	829	67,0	496	104	206	168	78,8
52,0	822	67,5	489	105	202	170	77,0
52,2	816	68,0	482	106	198	172	75,2
52,4	810	68,5	475	107	194	174	73,5
52,6	804	69,0	468	106	191	176	71,8
52,8	798	69,5	461	109	187	178	70,2
53,0	792	70,0	454	110	184	180	68,7

Vickershärte $H_p = \dfrac{1,854\ P}{d^2}$ in kg/mm².

d = Länge der Eindruckdiagonale in $^1/_{100}$ mm.

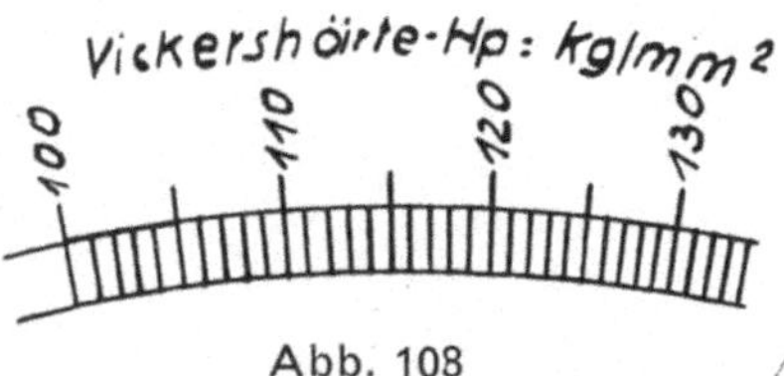

Abb. 108

Teilung nat. Größe
der Abb. 107

Zur schnellen Errechnung der **Vickershärte** steht die Vickersrechenscheibe gemäß obenstehender Abbildung zur Verfügung. Die Teilung ist überaus übersichtlich. Die Rechenscheibe wird zweckmäßig an einem kleinen Schreibpult montiert, so daß das Aufschreiben der Prüfungsergebnisse bequem und ohne Umstände erfolgen kann. Die äußere der auf der Rechenscheibe angebrachten Teilungen gilt für die Vickershärte H_p kg/mm², die Teilung des Rundschiebers für die Eindruckdiagonalen. Die Innere Teilung der Rechenscheibe gilt für die Prüfdrücke Pkg. Man bringe die ausgemessene Länge der Eindruckdiagonale mit dem Prüfdruck zur Deckung und lese an dem Teilstrich „Ablesung Vickershärte" die gesuchte Vickershärte ab.

BEISPIEL:

Der Prüfdruck war 50 kg und die Eindruckdiagonale wurde zu 0,5 mm ausgemessen. Also war der Rundschieber gemäß obiger Abbildung so einzustellen, daß der Teilstrich 5 (Länge der Diagonale) über dem Teilstrich 50 (Prüfdruck) steht. So ist dann an dem mit „Ablesung Vickershärte" bezeichnete Strich die Vickershärte 371 ermittelt worden.

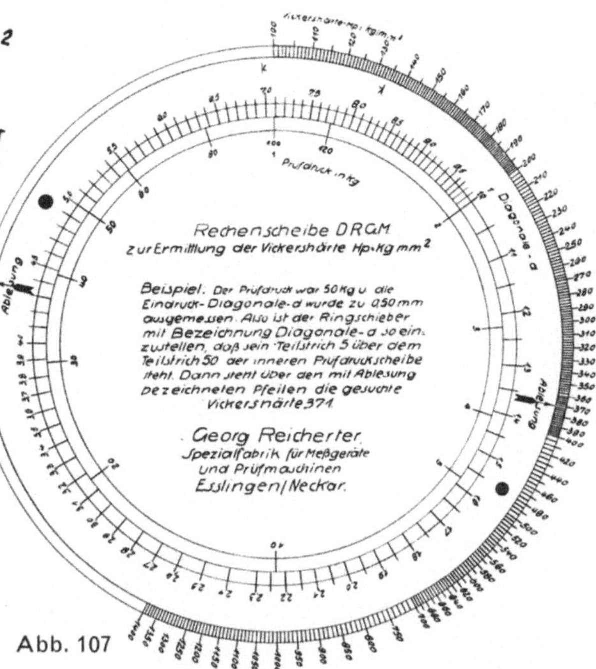

Abb. 107

Abb. 109. Schreibpult mit Rechenscheibe

Härtezahlen der Vorlasthärteprüfung
(Rockwellprüfung)

In nachstehenden Tabellen sind die Zusammenhänge zwischen Brinellhärte und Vorlasthärte mit den verschiedensten Belastungen und Prüfkörpern bei Kohlenstoffstahl, Chromnickelstahl, Grauguß, Nichteisenmetalle usw. aufgeführt. Wenn an Genauigkeit die höchsten Anforderungen gestellt werden müssen, empfiehlt es sich von Fall zu Fall für die gerade vorliegende Materialsorte besondere Richtwerte festzulegen.

Zusammenhang

zwischen Brinellhärte H_n und Vorlasthärte

bei Kohlenstoffstahl

Vorlasthärte $H_{vD\,150}$ und H_n
Prüfkörper: Diamant 120°
Vorlast: 10 kg. Gesamtlast: 150 kg
Nach Aufbringen der Vorlast Meßuhr auf 100 stellen.

Abl.	H_n	[1] σ_B	Abl.	H_n	[1] σ_B	Abl.	H_n	[1] σ_B
1	160	57,3	31	302	108,3	50,5	500	176,0
2	162	58,0	32	309	110,9	51,0	507	178,1
3	165	59,0	33	317	113,8	51,5	513	180,3
4	168	60,1	34	324	116,2	52,0	520	182,5
5	170	61,2	35	333	119,1	52,5	526	184,8
6	173	62,6	36	343	122,0	53,0	533	187,1
7	176	64,1	37	353	125,0	53,5	539	189,3
8	180	65,1	38	363	127,8	54,0	546	191,6
9	184	66,3	39	372	131,0	54,5	553	194,2
10	187	67,4	40	381	133,9	55,0	560	196,7
11	190	68,8	40,5	385	135,6	55,5	568	199,2
12	195	70,2	41,0	390	137,4	56,0	576	201,8
13	200	71,6	41,5	395	139,0	56,5	584	204,8
14	205	73,5	42,0	400	140,7	57,0	593	207,8
15	211	75,2	42,5	405	142,7	57,5	601	210,8
16	216	76,7	43,0	410	144,8	58,0	610	213,9
17	222	78,5	43,5	415	146,5	58,5	618	217,0
18	228	80,3	44,0	420	148,2	59,0	627	220,2
19	233	82,5	44,5	425	150,4	59,5	635	223,3
20	238	84,5	45,0	430	152,6	60,0	644	226,8
21	244	86,4	45,5	436	154,6	60,5	652	230,4
22	249	88,2	46,0	442	156,6	61,0	661	234,0
23	255	90,3	46,5	448	158,7	61,5	670	
24	260	92,2	47,0	455	160,9	62,0	680	
25	266	94,4	47,5	461	163,0	62,5	690	
26	272	96,5	48,0	468	165,2	63,0	700	
27	278	99,0	48,5	473	167,4	63,5	710	
28	284	101,1	49,0	479	169,6	64,0	720	
29	289	103,8	49,5	486	171,8	65,0	740	
30	295	105,9	50,0	493	174,0	66,0	762	

[1] σ_B = Zugfestigkeit in kg/mm².

Zusammenhang

zwischen $H_{v\ 1/16/100}$ und H 10/1000/30

bei Nichteisenmetallen

$H_{v\ 1/16/100}$ — H 10/1000/30

Prüfkörper: $^1/_{16}''$ Kugel

Vorlast: 10 kg.   Gesamtlast: 100 kg

Nach Aufbringen der Vorlast Meßuhr auf 130 stellen.

Abl.	H 10/1000/30	Abl.	H 10/3000/30	Abl.	H 10/3000/30
—20	51,9	18	68,0	56	98,8
—18	52,5	20	69,1	58	101,1
—16	53,2	22	70,2	60	103,7
—14	53,9	24	71,4	62	106,3
—12	54,6	26	72,7	64	109,1
—10	55,3	28	74,6	66	112,1
—8	56,0	30	75,4	68	115,2
—6	56,8	32	76,8	70	118,5
—4	57,8	34	78,2	72	122,0
—2	58,4	36	79,7	74	125,8
0	59,2	38	81,3	76	129,0
2	60,1	40	83,0	78	133,9
4	61,0	42	84,7	80	138,2
6	61,9	44	86,5	82	143,0
8	62,8	46	88,3	84	148,1
10	63,8	48	90,2	86	153,6
12	64,8	50	92,2	88	159,5
14	65,8	52	94,3	90	166,0
16	66,9	54	96,5	92	173,0

Zusammenhang

zwischen Brinellhärte H_n und Vorlasthärte
bei Kohlenstoffstahl

Vorlasthärte H_v 2,5/187,5 und H_n
Prüfkörper: Kugel 2,5 mm
Vorlast: 10 kg. Gesamtlast: 187,5 kg
Nach Aufbringen der Vorlast Meßuhr auf 100 stellen.

Abl.	H_n	[1] σ_B	Abl.	H_n	[1] σ_B	Abl.	H_n	[1] σ_B
1	104,8	37,7	31	139	50,1	55,5	212	76,5
2	105,6	38,0	32	141	50,8	56,0	215	77,4
3	106,4	38,2	33	143	51,5	56,5	217	78,3
4	107,2	38,6	34	145	52,3	57,0	220	79,3
5	108	38,8	35	147	52,9	57,5	223	80,3
6	109	39,2	36	149	53,6	58,0	226	81,4
7	110	39,6	37	151	54,4	58,5	229	82,4
8	111	40,0	38	153	55,1	59,0	232	83,5
9	112	40,3	39	155	55,8	59,5	235	84,5
10	113	40,7	40	158	56,9	60,0	238	85,6
11	114	41,0	41	161	58,0	61	243	87,5
12	115	41,4	42	164	59,1	62	249	89,6
13	116	41,8	43	167	60,1	63	255	91,8
14	117	42,2	44	170	61,2	64	262	94,3
15	118	42,5	45	173	62,3	65	269	96,3
16	119	42,8	46	176	63,4	66	277	99,7
17	120	43,2	47	179	64,5	67	285	102,6
18	121	43,6	48	182	65,5	68	293	105,5
19	122	43,9	49	186	66,9	69	301	108,4
20	123	44,3	50	190	68,4	70	309	111,2
21	124	44,6	50,5	192	69,1	71	318	114,5
22	125	45,0	51,0	194	69,8	72	328	118,1
23	126	45,4	51,5	196	70,5	73	338	121,7
24	127	45,8	52,0	198	71,3	74	348	125,3
25	128	46,1	52,5	200	72,0	75	359	129,2
26	130	46,8	53,0	202	72,7	76	370	133,2
27	131	47,2	53,5	204	73,4	77	382	137,5
28	133	47,8	54,0	206	74,1	78	395	142,2
29	135	48,6	54,5	208	74,8	79	409	147,2
30	137	49,3	55,0	210	75,6	80	424	152,6

[1] σ_B = Zugfestigkeit in kg/mm^2.

Zusammenhang

zwischen $H_{v\ 2,5/187,5}$ und H_n

bei Gußeisen und Hartguß

Prüfkörper: Kugel 2,5 mm

Vorlast: 10 kg. Gesamtlast: 187,5 kg

Nach Aufbringen der Vorlast Meßuhr auf 100 stellen.

Abl.	H_n	Abl.	H_n	Abl.	H_n	Abl.	H_n	Abl.	H_n	Abl.	H_n
0	105	25	131,5	40	164	55	220	70	325		
2	106,5	26	133	41	167	56	225	71	335,5		
4	108	27	134,5	42	170	57	230	72	346,5		
6	109,5	28	136,5	43	176	58	235	73	358		
8	111	29	138,5	44	178	59	240,5	74	370		
10	113	30	140,5	45	179,5	60	246	75	383		
12	115	31	142,5	46	183	61	252	76	397		
14	117	32	144,5	47	186,5	62	258,5	77	412		
16	119	33	146,5	48	190	63	265,5	78	428		
18	121,5	34	149	49	194	64	272,5	79	445		
20	124	35	151,5	50	198	65	280	80	463		
21	125,5	36	154	51	202	66	288	81	484		
22	127	37	156,5	52	206,5	67	296,5	82	513		
23	128,5	38	159	53	211	68	305,5	83	548		
24	130	39	161,5	54	215,5	69	315				

Zusammenhang

zwischen $H_{v\ 2,5/62,5}$ und $H_{10/1000/30}$

bei Nichteisenmetallen

$H_{v\ 2,5/62,5} - H_{10/1000/30}$

Prüfkörper: 2,5 mm Kugel

Vorlast: 10 kg. Gesamtlast: 62,5 kg

Nach Aufbringen der Vorlast Meßuhr auf 100 stellen.

Abl.	$H_{10/1000/30}$	Abl.	$H_{10/1000/30}$		
50	58,0	69	91,0		
51	59,4	70	93,5		
52	60,8	71	96,0		
53	62,2	72	99,0		
54	63,6	73	102		
55	65,0	74	105		
56	66,4	75	108		
57	67,8	76	112		
58	69,2	77	116		
59	70,6	78	120		
60	72,0	79	125		
61	73,5	80	130		
62	75,1	81	136		
63	76,8	82	143		
64	79,6	83	151		
65	81,5	84	160		
66	83,5	85	171		
67	86,0	86	183		
68	88,5				

Zusammenhang

zwischen H_n und $H_{v\ 1/16/100}$

bei Kohlenstoffstahl

$H_{v\ 1/16/100}$ und H_n

Prüfkörper: $^1/_{16}''$ Kugel

Vorlast: 10 kg. Gesamtlast: 100 kg

Nach Aufbringen der Vorlast Meßuhr auf 130 stellen

Abl.	H_n	σ_B	Abl.	H_n	σ_B	Abl.	H_n	σ_B	Abl.	H_n	σ_B
50	92	33,1	70	120	43,2	90	181	64,7	110	325	116,6
51	93	33,4	71	122	43,9	91	185	66,3	111	339	121,7
52	94	33,7	72	124	44,7	92	190	68,0	112	353	126,9
53	95	34,0	73	126	45,3	93	195	69,8	113	369	132,6
54	96	34,4	74	128	46,3	94	200	71,6	114	386	139,0
55	97	34,8	75	130	47,2	95	205	73,6	115	406	145,9
56	98	35,2	76	132	48,1	96	210	75,6	116	424	153,4
57	99	35,6	77	134	49,0	97	216	77,8	117	451	164,8
58	100	36,0	78	137	50,0	98	223	80,0	118	476	171,2
59	101	36,4	79	139	51,0	99	229	82,4	119	505	181,4
60	102	36,9	80	142	52,1	100	235	84,8	120	535	192,6
61	103	37,4	81	145	53,1	101	242	87,2	121	565	
62	105	37,9	82	148	54,2	102	250	90,0	122	595	
63	106	38,5	83	152	55,3	103	258	92,8	123	627	
64	108	39,1	84	155	56,4	104	266	95,6	124	660	
65	110	39,7	85	159	57,6	105	274	98,6	125	692	
66	112	40,3	86	163	58,8	106	282	101,6	126	726	
67	114	41,0	87	167	60,2	107	292	104,8			
68	116	41,7	88	172	61,6	108	303	108,3			
69	118	42,4	89	176	63,1	109	313	112,3			

Zusammenhang

zwischen Vorlasthärteprüfung H_v 5/750/30 und Brinellhärte H_n
bei den Nickel- und Chromnickelstählen nach DIN 1662

Prüfkörper: 5 mm Widiametallkugel
Vorlast: 10 kg. Gesamtlast: 750 kg
Nach Aufbringen der Vorlast Meßuhr auf 500 stellen

Abl.	H_n	σ_B	Abl.	H_n	σ_B	Abl.	H_n	σ_B	Abl.	H_n	σ_B	Abl.	H_n	σ_B
338	130	44,2	372	160	54,4	395	190	64,6	418	232	78,9	441	326	111
340	131	44,6	373	161	54,8	396	191	65,0	419	235	79,9	442	332	113
342	133	45,3	374	163	55,4	397	193	65,6	420	238	81,0	443	338	115
344	134	45,6	375	164	55,8	398	194	66,0	421	241	82,0	444	344	117
346	136	46,3	376	165	56,1	399	196	66,7	422	244	83,0	445	350	119
348	137	46,6	377	166	56,5	400	197	67,0	423	247	84,0	446	356	121
350	139	47,3	378	168	57,2	401	199	67,7	424	250	85,0	447	362	123
352	140	47,6	379	169	57,5	402	200	68,0	425	254	86,4	448	368	125
354	142	48,3	380	170	57,9	403	202	68,7	426	257	87,4	449	374	127
356	144	49,0	381	171	58,2	404	203	69,0	427	260	88,4	450	381	130
358	146	49,6	382	172	58,5	405	205	69,7	428	264	89,8	451	389	132
360	148	50,3	383	173	58,8	406	206	70,0	429	267	90,8	452	397	135
361	149	50,6	384	175	59,5	407	208	70,7	430	271	92,2	453	405	138
362	150	51,0	385	176	59,9	408	210	71,4	431	275	93,5	454	414	141
363	151	51,3	386	177	60,2	409	212	72,1	432	280	95,2	455	423	144
364	152	51,7	387	178	60,5	410	214	72,8	433	285	96,9	456	432	147
365	153	52,0	388	180	61,2	411	216	73,5	434	290	98,6	457	441	150
366	154	52,4	389	181	61,5	412	218	74,2	435	295	100,5	458	450	153
367	155	52,7	390	182	61,9	413	221	75,1	436	300	102,0	459	460	156
368	156	53,1	391	184	62,6	414	223	75,8	437	305	104,0	460	470	160
369	157	53,4	392	185	62,9	415	225	76,5	438	310	105,5	461	483	164
370	158	53,7	393	187	63,6	416	228	77,5	439	315	107,0	462	500	170
371	159	54,1	394	188	63,9	417	230	78,2	440	320	109,0			

σ_B = Zugfestigkeit in kg/mm²

Zusammenhang

zwischen Vorlasthärteprüfung Hv 10/3000/30 und Brinellhärte H_n
bei den Nickel- und Chromnickelstählen nach DIN 1662

Prüfkörper: 10 mm W i d i a m e t a l l kugel
Vorlast: 250 kg. Gesamtlast: 3000 kg
Nach Aufbringen der Vorlast Meßuhr auf 500 stellen

Abl.	H_n	σ_B	Abl.	H_n	σ_B	Abl.	H_n	σ_B
200	130	44,2	264	160	54,4	322	205	69,7
203	131	44,6	266	161	54,8	323	206	70,0
206	132	44,9	268	162	55,1	324	207	70,4
209	133	45,3	270	163	55,4	325	208	70,7
212	134	45,6	272	164	55,8	326	209	71,0
214	135	45,9	274	166	56,5	327	210	71,4
216	136	46,3	276	167	56,8	328	211	71,7
218	137	46,6	278	168	57,2	329	212	72,1
220	138	47,0	280	170	57,9	330	214	72,8
222	139	47,3	282	171	58,2	331	215	73,1
224	140	47,6	284	172	58,5	332	216	73,5
226	141	47,9	286	174	59,2	333	217	73,8
228	142	48,3	288	175	59,5	334	219	74,5
230	143	48,6	290	177	60,2	335	220	74,8
232	144	49,0	292	178	60,5	336	221	75,1
234	145	49,3	294	180	61,2	337	222	75,5
236	146	49,6	296	181	61,5	338	224	76,2
238	147	50,0	298	183	62,2	339	225	76,5
240	148	50,3	300	185	62,9	340	226	76,8
242	149	50,6	302	186	63,2	341	227	77,1
244	150	51,0	304	188	63,9	342	229	77,8
246	151	51,3	306	189	64,2	343	230	78,2
248	152	51,7	308	191	65,0	344	231	78,5
250	153	52,0	310	193	65,7	345	233	79,2
252	154	52,4	312	195	66,3	346	234	79,5
254	155	52,7	314	197	67,0	347	236	80,2
256	156	53,1	316	199	67,7	348	237	80,6
258	157	53,4	318	201	68,3	349	239	81,3
260	158	53,7	320	203	69,0	350	241	82,0
262	159	54,1	321	204	69,4	351	242	82,3

σ_B = Zugfetsigkeit in kg/mm²

Fortsetzung Seite 189

Zusammenhang

zwischen Vorlasthärteprüfung H_V 10/3000/30 und Brinellhärte H_n
bei den Nickel- und Chromnickelstählen nach DIN 1662

Prüfkörper: 10 mm W i d i a m e t a l l kugel
Vorlast: 250 kg. Gesamtlast: 3000 kg
Nach Aufbringen der Vorlast Meßuhr auf 500 stellen

Abl.	H_n	σ_B	Abl.	H_n	σ_B	Abl.	H_n	σ_B
352	244	83,0	382	309	105,0	412	402	137
353	246	83,7	383	311	105,5	413	406	138
354	248	84,4	384	314	106,5	414	410	139
355	250	85,0	385	316	107,0	415	414	141
356	252	85,7	386	319	108,0	416	418	142
357	254	86,4	387	321	109,0	417	422	143
358	256	87,1	388	324	110	418	426	145
359	258	87,8	389	327	111	419	430	146
360	260	88,4	390	330	112	420	434	147
361	262	89,1	391	333	113	421	438	149
362	264	89,8	392	336	114	422	443	151
363	266	90,5	393	339	115	423	447	152
364	268	91,1	394	342	116	424	452	154
365	270	91,8	395	345	117	425	456	155
366	272	92,5	396	348	118	426	461	157
367	274	93,2	397	351	119	427	466	158
368	276	93,9	398	354	120	428	471	160
369	278	94,6	399	357	121	429	476	162
370	280	95,2	400	361	123	430	481	163
371	282	95,9	401	364	124	431	487	165
372	284	96,6	402	367	125	432	493	167
373	287	97,6	403	371	126	433	500	170
374	289	98,3	404	374	127	434	507	172
375	291	99,0	405	377	128	435	514	175
376	294	100,0	406	381	130	436	521	177
377	296	100,5	407	384	131	437	528	179
378	298	101,5	408	388	132	438	535	182
379	301	102,5	409	391	133	439	542	184
380	304	103,5	410	395	134	440	550	187
381	306	104,0	411	398	135			

σ_B = Zugfestigkeit in kg/mm²

Zusammenhang

zwischen Vorlasthärte Hv $_{10/1000/30}$ und Brinellhärte H $_{10/1000/30}$

bei Nichteisenmetallen

Prüfkörper: 10 mm Kugel

Vorlast: 10 kg. Gesamtlast: 1000 kg

Nach Aufbringen der Vorlast Meßuhr auf 500 stellen

Abl.	$H_{10/1000/30}$	Abl.	$H_{10/1000/30}$	Abl.	$H_{10/1000/30}$	Abl.	$H_{10/1000/30}$	Abl.	$H_{10/1000/30}$
165	50	280	72	326	85,4	372	111	418	176
170	50,9	282	72,5	328	86,2	374	112,5	420	180
175	51,8	284	73	330	87,0	376	114	422	184
180	52,7	286	73,5	332	87,8	378	115,5	424	187
185	53,6	288	74	234	88,6	380	117	426	191
190	54,5	290	74,5	336	89,4	382	119	428	195
195	55,4	292	75	338	90,2	384	121	430	199
200	56,3	294	75,5	340	91	386	123	432	203
205	57,2	296	76	342	92	388	125	434	207
210	58,1	298	76,5	344	93	390	128	436	211
215	59,0	300	77	346	94	392	131	438	215
220	60	302	77,6	348	95	394	134	440	219
225	61	304	78,2	350	96	396	137	442	222
230	62	306	78,8	352	97,2	398	140	444	226
235	63	308	79,4	354	98,4	400	143	446	230
240	64	310	80,0	356	99,6	402	146	448	234
245	65	312	80,6	358	100,8	404	149	450	238
250	66	314	81,2	360	102	406	152	452	242
255	67	316	81,8	362	103,5	408	156	454	246
260	68	318	82,4	364	105	410	160	456	250
265	69	320	83,0	366	106,5	412	164	458	254
270	70	322	83,8	368	108	414	168	460	258
275	71	324	84,6	370	109,5	416	172		

Zusammenhang

zwischen Vorlasthärteprüfung Hv 5/750/30 und Brinellhärte H_n

bei Kohlenstoffstahl

Prüfkörper: 5 mm W i d i a m e t a l l kugel

Vorlast: 10 kg. Gesamtlast: 750 kg

Nach Aufbringen der Vorlast Meßuhr auf 500 stellen

Abl.	H_n	σ_B	Abl.	H_n	σ_B	Abl.	H_n	σ_B	Abl.	H_n	σ_B	Abl.	H_n	σ_B	Abl.	H_n	σ_B
260	100	36,0	338	132	47,5	376	170	61,2	403	212	76,3	430	286	103	457	436	157
265	101	36,4	340	134	48,2	377	171	61,5	404	214	77,0	431	290	104,5	458	446	161
270	102	36,7	342	135	48,5	378	172	61,9	405	216	77,7	432	294	106	459	456	164
275	103	37,1	344	137	49,3	379	173	62,3	406	218	78,4	433	298	107,5	460	467	168
280	104	37,4	346	138	49,7	380	175	63,0	407	220	79,1	434	303	109	461	478	172
285	105	37,8	348	140	50,4	381	176	63,4	408	222	79,8	435	307	111,5	462	490	176
290	107	38,5	350	142	51,1	382	177	63,7	409	224	80,6	436	312	113	463	502	181
295	109	39,2	352	144	51,8	383	179	64,4	410	227	81,7	437	316	114,5	464	515	185
300	111	40,0	354	146	52,6	384	180	64,8	411	229	82,4	438	321	116	465	528	190
302	112	40,4	356	148	53,3	385	181	65,1	412	231	83,1	439	326	117,5	466	542	195
304	113	40,7	358	150	54,0	386	183	65,8	413	234	84,2	440	331	119	467	557	201
306	114	41,1	360	152	54,7	387	184	66,2	414	236	84,9	441	336	121	468	572	
308	115	41,4	361	153	55,1	388	186	66,9	415	239	86,0	442	341	123	469	587	
310	116	41,7	362	154	55,4	389	187	67,3	416	241	86,7	443	346	125	470	602	
312	117	42,1	363	155	55,8	390	189	68,0	417	244	87,8	444	351	126	471	617	
314	118	42,4	364	156	56,1	391	190	68,4	418	246	88,5	445	356	128	472	632	
316	119	42,8	365	157	56,5	392	192	69,1	419	249	89,6	446	361	130	473	647	
318	120	43,2	366	158	56,8	393	193	69,5	420	252	90,7	447	366	132	474	662	
320	121	43,6	367	159	57,2	394	195	70,2	421	255	91,8	448	372	134	475	677	
322	122	43,9	368	161	57,9	395	196	70,6	422	258	92,9	449	378	136	476	692	
324	123	44,3	369	162	58,3	396	198	71,3	423	262	94,4	450	384	138	477	707	
326	124	44,7	370	163	58,7	397	200	72,0	424	265	95,5	451	391	141			
328	125	45,0	371	164	59,0	398	202	72,8	425	269	96,6	452	398	143			
330	127	45,7	372	165	59,4	399	204	73,5	426	272	97,8	453	405	146			
332	128	46,0	373	166	59,7	400	206	74,2	427	276	99,5	454	412	148			
334	129	46,4	374	167	60,1	401	208	74,9	428	279	100,6	455	419	151			
336	131	47,1	375	169	60,8	402	210	75,6	429	282	102	456	427	154			

σ_B = Zugfestigkeit in kg/mm^2

Zusammenhang

zwischen Vorlasthärte HV 10/1000 und Brinellhärte H 10/1000/30
bei Gußeisen und Hartguß

Prüfkörper: 10 mm Widiakugel

Vorlast: 10 kg. Gesamtlast: 1000 kg

Nach Aufbringen der Vorlast Meßuhr auf 500 stellen

Abl.	$H_{10/1000/30}$	Abl.	$H_{10/1000/30}$	Abl.	$H_{10/1000/30}$	Abl.	$H_{10/1000/30}$	Abl.	$H_{10/1000/30}$
350	99	389	134	413	169	437	220	461	306
352	100,6	390	135	414	170,5	438	223	462	312
354	102,2	391	136	415	172,5	439	226	463	318
356	103,8	392	137	416	174	440	229	464	324
358	105,4	393	138	417	176	441	232	465	330
360	107	394	139	418	178	442	235	466	337
362	108,6	395	140,5	419	180	443	238	467	344
364	110,2	396	142	420	182	444	241	468	351
366	111,8	397	143,5	421	184	445	244	469	358
368	113,4	398	145	422	186	446	247	470	365
370	115	399	146,5	423	188	447	250	471	375
372	117	400	148	424	190	448	253	472	385
374	119	401	149,5	425	192	449	256	473	397
376	121	402	151	426	194	450	260	474	410
378	123	403	152,5	427	196	451	264	475	425
380	125	404	154	428	198	452	268	476	441
381	126	405	155,5	429	200	453	272	477	459
382	127	406	157	430	202	454	276	478	479
383	128	407	159	431	205	455	280	479	500
384	129	408	160,5	432	207	456	284	480	522
385	130	209	162	433	210	457	288		
386	131	410	164	434	212	458	292		
387	132	411	165,5	435	215	459	296		
388	133	412	167,5	436	217	460	301		

Zusammenhang

zwischen $H_{vD\,150}$ und $H_{vD\,15}$ **bei Stahl**

Prüfkörper: Diamantpyramide 136° Vorlast: 3 kg. Gesamtlast: 15 kg Meßuhrstellung 100

Abl.	H_{vD} 150	Abl.	H_{vD} 150	Abl.	H_{vD} 150	Abl.	H_{vD} 150
70,5	0	77	18,5	83,5	41,0	88,2	59,8
71	1,3	77,5	20	84	43,0	88,4	60,6
71,5	2,6	78	21,6	84,5	45,0	88,6	61,4
72	4,0	78,5	23,2	85	47,0	88,8	62,2
72,5	5,4	79	24,8	85,5	49,0	89	63,0
73	6,8	79,5	26,4	86	51,0	89,2	63,8
73,5	8,2	80	28	86,5	53,0	89,4	64,6
74	9,6	80,5	29,8	87	55,0	89,6	65,4
74,5	11,0	81	31,6	87,2	55,8	89,8	66,2
75	12,5	81,5	33,4	87,4	56,6	90	67,0
75,5	14,0	82	35,2	87,6	57,4	90,2	67,8
76	15,5	82,5	37,0	87,8	58,2	90,4	68,6
76,5	17	83	39,0	88	59,0		

Zusammenhang

zwischen $H_{vD\,150}$ und $H_{vD\,30}$ **bei Stahl**

Prüfkörper: Diamantpyramide 136° Vorlast: 3 kg. Gesamtlast: 30 kg Meßuhrstellung 100

Abl.	H_{vD} 150	Abl.	H_{vD} 150	Abl.	H_{vD} 150	Abl.	H_{vD} 150
47	—0,6	60	22	69	39,0	75,5	54,2
48	1,1	61	23,8	69,5	40,0	76	55,4
49	2,8	62	25,6	70	41,2	76,5	56,6
50	4,5	63	27,4	70,5	42,4	77	57,8
51	6,2	64	29,2	71	43,6	77,5	58,9
52	7,9	65	31,0	71,5	44,8	78	60,1
53	9,6	65,5	32,0	72	46,0	78,5	61,3
54	11,3	66	33,0	72,5	47,1	79	62,5
55	13	66,5	34,0	73	48,3	79,5	63,7
56	14,8	67	35,0	73,5	49,5	80	64,8
57	16,6	67,5	36,0	74	50,7	80,5	66,0
58	18,4	68	37,0	74,5	51,9	81	67,2
59	20,2	68,5	38,0	75	53,0	81,5	68,4

Zusammenhang

zwischen $H_{vD\,150}$ und $H_{vD\,45}$ **bei Stahl**

Prüfkörper: Diamantpyramide 136° Vorlast: 3 kg. Gesamtlast: 45 kg Meßuhrstellung 100

Abl.	H_{vD} 150	Abl.	H_{vD} 150	Abl.	H_{vD} 150	Abl.	H_{vD} 150
29	—0,7	42	16,6	55	34,5	68	55,6
30	1,0	43	17,9	56	36,0	69	57,4
31	2,3	44	19,2	57	37,5	70	59,2
32	3,6	45	20,5	58	39,0	71	61,0
33	4,9	46	21,8	59	40,5	72	62,8
34	6,2	47	23,1	60	42,0	72,5	63,7
35	7,5	48	24,4	61	43,7	73	64,6
36	8,8	49	25,7	62	45,4	73,5	65,5
37	10,1	50	27,0	63	47,1	74	66,4
38	11,4	51	28,5	64	48,8	74,5	67,3
39	12,7	52	30,0	65	50,5	75	68,2
40	14,0	53	31,5	66	52,2		
41	15,3	54	33,0	67	53,9		

Umrechnungs-Tabellen

Umrechnungstabellen für Härtezahlen
(Nur gültig für Stahl)

Aufgestellt durch gemeinsame Untersuchungen mit dem Oberkommando des Heeres und der Chemisch-Technischen Reichsanstalt Berlin.

H_{vD} = Vorlasthärte bei 150 kg Prüflast-Rockwell-C-Skala
$H_{vD\ 62,5}$ = Vorlasthärte bei 62,5 kg Prüflast-Rockwell-C-Skala
H_p = Pyramidenhärte nach Vickers in kg/mm^2
H_n = Kugeldruckhärte nach Brinell in kg/mm^2 (Regelversuch nach DIN 1605)

von $H_{vD\ 62,5}$ in H_{vD}				von H_n in H_p Bis $H_n = 300$ ist $H_n = H_p$	
$H_{vD\ 62,5}$	H_{vD}	$H_{vD\ 62,5}$	H_{vD}	H_n	H_p
54	10	70	40	300	300
55	12	71	42	320	322
56	14	72	44	340	346
57	16	73	45	360	370
58	18	74	47	380	394
59	20	75	49	400	418
60	22	76	51	420	442
61	23	77	53	440	466
62	25	78	55	460	490
63	27	79	57	480	514
64	29	80	59	500	538
65	31	81	61		
66	32	82	63		
67	34	83	65		
68	36	84	67		
69	38	85	69		

Die Werte für H_{vD} sind als Näherungswerte auf- oder abgerundet.

Diese Tabelle gilt nur für mittels S t a h l kugel ermittelte Kugeldruckhärten.

Fortsetzung Seite 197

von H_{vD} in H_p

H_{vD}	H_p	Zulässige Abw.*)	H_{vD}	H_p	Zulässige Abw.*)
15	215		43	426	
16	220		44	439	± 15
17	225		45	452	
18	230				
19	235		46	465	
20	240	± 10	47	478	
21	245		48	492	
22	250		49	508	
23	256		50	525	
24	262		51	541	± 20
25	268		52	558	
			53	576	
			54	594	
26	274		55	612	
27	281				
28	289		56	630	
29	295		57	650	
30	302		58	670	
31	309		59	690	
32	316		60	710	± 25
33	324	± 15	61	730	
34	332		62	754	
35	341		63	780	
36	350				
37	360		64	806	
38	370		65	832	
39	380		66	860	± 30
40	391		67	890	
41	402		68	928	
42	414				

Vorstehende Umrechnungszahlen sind als Richtwerte zu betrachten. Bei der wechselseitigen Umrechnung gilt die Sollhärte als eingehalten, wenn die Pyramidenhärte H_P innerhalb der zugelassenen Abweichung liegt.

*) Die hier angegebenen „zulässigen Abweichungen" beziehen sich nur auf die U m r e c h n u n g von Härtezahlen und sind daher nicht als Härtetoleranzen des Werkstückes zu betrachten.

Zusammenhang

zwischen Vickers-Brinell-Vorlasthärte und Zugfestigkeit

bei Kohlenstoff und Chromnickelstahl

H_p	$H_{30\,D^2}$	$H_{vD\,150}$	$\sigma_B\ 0{,}36$	$\sigma_B\ 0{,}34$
100	100		36,0	34,0
105	105		37,8	35,7
110	110		39,6	37,4
115	115		41,4	39,1
120	120		43,2	40,8
125	125		45,0	42,5
130	130		46,8	44,2
135	135		48,6	45,9
140	140		50,4	47,6
145	145		52,2	49,3
150	150		54,0	51,0
155	155		55,8	52,7
160	160	1,0	57,6	54,4
165	165	3,0	59,4	56,1
170	170	5,0	61,2	57,8
175	175	6,5	63,0	59,5
180	180	8,0	64,8	61,2
185	185	9,5	66,6	62,9
190	190	11,0	68,4	64,6
195	195	11,8	70,2	66,3
200	200	12,6	72,0	68,0
205	205	13,4	73,8	69,7
210	210	14,2	75,6	71,4
215	215	15,0	77,4	73,1
220	220	16,0	79,2	74,8
225	225	17,0	81,0	76,5
230	230	18,0	82,8	78,2
235	235	19,0	84,6	79,9
240	240	20,0	86,4	81,6
245	245	21,0	88,2	83,3
250	250	22,0	90,0	85,0
255	255	22,8	91,8	86,7
260	260	23,6	93,6	88,4
265	265	24,4	95,4	90,1
270	270	25,2	97,2	91,8

Fortsetzung Seite 199

H_p	$H_{30\,D^2}$	$H_{vD\,150}$	$\sigma_B\,0{,}36$	$\sigma_B\,0{,}34$
275	275	26,0	99,0	93,5
280	280	26,8	100,8	95,2
285	285	27,6	102,6	96,9
290	290	28,3	104,4	98,6
295	295	29,0	106,2	100,3
300	300	29,7	108,0	102,0
305	305	30,4	109,8	103,7
310	310	31,1	111,6	105,4
315	315	31,8	113,4	107,1
320	320	32,4	115,2	108,8
325	324	33,0	116,6	110,1
330	328	33,6	118,0	111,5
335	332	34,2	119,5	112,8
340	336	34,8	120,9	114,2
345	340	35,4	122,4	115,6
350	345	36,0	124,2	117,3
355	349	36,5	125,6	118,6
360	353	37,0	127,0	120,0
365	357	37,5	128,5	121,3
370	360	38,0	129,6	122,4
375	365	38,5	131,4	124,1
380	369	39,0	132,8	125,5
385	373	39,5	134,3	126,8
390	377	40,0	135,7	128,2
395	381	40,5	137,2	129,5
400	385	40,9	138,6	130,9
405	389	41,3	140,0	132,3
410	394	41,7	141,8	134,0
415	390	42,1	143,3	135,3
420	402	42,5	144,7	136,7
425	406	42,9	146,2	138,0
430	410	43,3	147,6	139,4
435	414	43,7	149,0	140,0
440	418	44,1	150,5	141,1
445	422	44,5	151,9	143,5
450	426	44,9	153,4	144,8
455	430	45,3	154,8	146,2
460	434	45,7	156,2	147,6
465	438	46,0	157,5	148,9
470	442	46,4	159,1	150,3
475	447	46,8	160,9	152,0
480	452	47,2	162,7	153,7
485	457	47,6	164,5	155,4
490	462	47,9	166,3	157,1
495	466	48,2	167,8	158,4

Fortsetzung Seite 200

H_p	$H_{30\ D^2}$	$H_{vD\ 150}$	$\sigma_B\ 0{,}36$	$\sigma_B\ 0{,}34$
500	469	48,5	168,8	159,5
510	477	49,1	171,7	162,2
520	485	49,7	174,6	164,9
530	493	50,3	175,5	167,6
540	501	50,9	180,4	170,3
550	509	51,5	183,2	173,1
560	517	52,1	186,1	175,8
570	525	52,7	189,0	178,5
580	533	53,3	191,9	181,2
590	540	53,9	194,4	183,6
600	546	54,5	196,6	185,6
610	555	55,0	199,8	188,7
620	563	55,5	202,7	191,4
630	571	56,0	205,6	194,1
640	579	56,5	208,4	196,9
650	588	57,0	211,7	199,9
660	596	57,5	214,6	202,6
670	605	58,0	217,8	205,7
680	613	58,5	220,7	208,4
690	620	59,0	223,2	210,8
700	628	59,5	226,1	213,5
710	637	60,0	229,3	216,6
720	644	60,5	231,8	219,0
730	651	61,0	234,4	221,3
740	658	61,4	236,9	223,7
750	666	61,8	239,8	226,4
760	674	62,2	242,6	229,2
770	682	62,6	245,5	231,9
780	690	63,0	248,4	234,6
790	698	63,4	251,3	237,3
800	706	63,8		
810	712	64,2		
820	720	64,6		
830	726	65,0		
840	734	65,4		
850	740	65,7		
860	748	66,0		
870	755	66,4		
880	762	66,7		
890	770	67,0		
900	778	67,3		

Vickershärte H_p ermittelt mit Diamantpyramide mit 136° Flächenwinkel.
Brinellhärte $H_{30\ D^2}$ ermittelt mit 10/5/2,5 mm Widiakugel und 3000/750/187,5 kg Belastung.
Vorlasthärte $H_{vD\ 150}$ ermittelt mit Diamantkegel mit 120° Kegelwinkel.
Zugfestigkeit σ_B : 0,36 $H_{30\ D^2}$; Zugfestigkeit σ_B : 0,34 $H_{30\ D^2}$.